破局高手

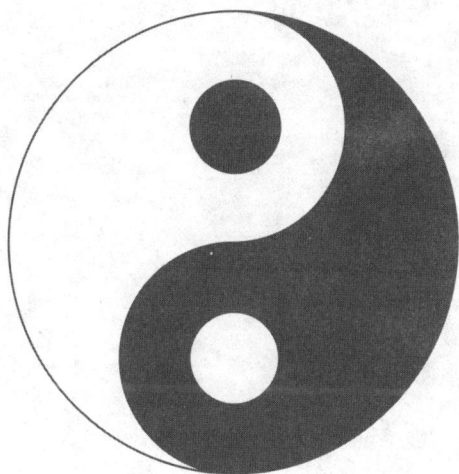

赖声焜 著

苏州新闻出版集团
古吴轩出版社

图书在版编目（CIP）数据

破局高手 / 赖声琨著. -- 苏州：古吴轩出版社，
2024.3

ISBN 978-7-5546-2317-6

Ⅰ. ①破… Ⅱ. ①赖… Ⅲ. ①成功心理－通俗读物
Ⅳ. ①B848.4-49

中国国家版本馆CIP数据核字（2024）第018418号

责任编辑： 李　倩
策　　划： 杨莹莹　闫　静
装帧设计： 猋　玖

书　　名： 破局高手
著　　者： 赖声琨
出版发行： 苏州新闻出版集团
　　　　　　　古吴轩出版社
　　　　　　　地址：苏州市八达街118号苏州新闻大厦30F
　　　　　　　电话：0512-65233679　　　邮编：215123
出 版 人： 王乐飞
印　　刷： 天宇万达印刷有限公司
开　　本： 670mm×950mm　　1/16
印　　张： 14
字　　数： 135千字
版　　次： 2024年3月第1版
印　　次： 2024年3月第1次印刷
书　　号： ISBN 978-7-5546-2317-6
定　　价： 56.00元

如有印装质量问题，请与印刷厂联系。0318-5695320

我们很喜欢一个词——逆袭。

当一个人或企业身陷看似无法克服的困局时，明明已经无路可走，却能凭借自己的核心技能或一个关键的时机，彻底扭转局势，这就是逆袭。

我们喜欢逆袭，是因为作为普通人的我们，渴望着如果有一天自己遇到困境，也能出现这种意想不到的奇迹，实现我们梦寐以求的成功，获得更多人的关注与尊重。

无论是企业还是个人，在发展的过程中难免遇到外界环境的突变，少不了意想不到的经历。但这些都不重要，重要的是你是否能够拿出破局的气势，突破这层看似坚不可摧，实则一捅就破的壁垒。

如果我们想要建立一番事业，渴望获得成功，渴望引人注目，渴望拥有好的人生起点，那么从现在开始就要改变自己的思维。

没有人可以随随便便成功，每个人获得的一切，一定是建立在某些行为基础之上的。如果你一直抱着"旧地图"，就永远不会找到"新大陆"。只有解开束缚自我的枷锁，才能获得新生，走出当前的迷局。

现代社会发展迅速，如果不够积极进取，跟不上时代的潮流，那么我们就有可能被时代淘汰。

你渴望"说走就走的旅行"，你想要"众人瞩目的荣耀"，你希望"一切都如你所愿"。但你只是想了一下，然后给出各种冠冕堂皇的理由佐证自己无法实现，比如工作很繁忙、技不如人等。最终的结果就是困在自己的"局"里，并且越陷越深。

我们希望得到别人的认可，却又常常因为自己的缺点而感到自卑，从而阻碍了自己前进的脚步，最终困在自己的舒适区，不进不退。一旦公司出现变动，第一个要被淘汰的，可能就是你。那个时候，你又该如何破局？你的修心不过关，如何更好地面对多变的未来？

为什么你的职业生涯如此艰难？为什么有些人选择躺平，有些人陷入内卷，在忙碌中却毫无成就？你真的没有任何职场优势吗？如果想在职场中站稳脚跟，你能做些什么？

人际关系是我们在社会中的基本联系，它可以帮助我们获取信息、资源和支持。在人际关系中，破局意味着改善或修复一段受损的关系，或是通过有效沟通、寻求共识、保持开放、提高共情能力、加深信任等方法，在复杂的人际网络中找到更好的解决方案。

失败是常态，成功才是偶然。但很多人在遇到了失败和挫折以后往往不敢再尝试，甚至一蹶不振。事实上，当你在失败中寻找经验的时候，你会很容易地发现成功其实就藏在这些蛛丝马迹中，只是你忽略了而已。

以上这些情况，是否常常成为困住你前进的"局"？

本书通过古今破局的真实经典案例故事，引发思考感悟，帮助读者破认知局、逆风局、职场局、人际局、修心局五大人生困局。书中内容更是从引入思考到实施落地，帮助读者构建全方面的破局思维，以便在未来的挑战中随时应用。

你既可以按照顺序阅读本书，也可以根据自己的需求进行选读。不管从哪里开始，相信每一次阅读都能帮你解决一些问题。

改变思维，成功破局，走向人生巅峰。

目录

第一章
▼
破逆风局：身处劣势，也能化危机为转机

壹 与其寻找标准答案，不如打破传统规则 // 002
破局一：囿于思维定式，陷入自我怀疑时，如何破局？ // 003

贰 所有的逆袭都是有备才来 // 007
破局二：当我们不被好运眷顾，无法实现逆袭时，如何破局？ // 008

叁 不做无谓内耗，正确判断该不该跳出舒适区 // 013
破局三：精神内耗，不知道该不该跳出舒适区，怎么破局？ // 014

肆 找到自己的主场，你也能破逆风局 // 020
破局四：当实力悬殊面对逆风局时，如何破局？ // 022

伍 当危机来临时，如何迅速稳住阵脚 // 028
破局五：受制"短板效应"，身处逆境时，如何破局？ // 029

第二章

▼

破认知局：解放思想是非常划算的投资

壹 你的思维里面有"墙"吗？ // 036

破局六：当我们的思维被"墙"困住时，如何破局？ // 040

贰 困扰你的问题，到底是谁的问题？ // 043

破局七：责任不明、界限不清，因此而备感焦虑时，如何破局？ // 045

叁 发现真正的问题，才能找出真正的答案 // 049

破局八：当我们无法发现真正的问题时，应该如何破局？ // 051

肆 换个角度看问题，重新定义身边的人、事、物 // 056

破局九：当我们被身边的人和事困扰时，如何破局？ // 059

伍 如果答案不在系统内，就跳到系统外 // 063

破局十：当我们面对两难选择时，该如何破局？ // 067

陆 扎实的行动是打破认识迷局的神兵利器 // 070

破局十一：当我们陷入迷雾无法看清前方的时候，如何破局？ // 072

第三章

▼

破职场局：摆脱事业停滞不前的困境

壹 除了"躺平"和"内卷"，还有第三条路吗？ // 078

破局十二：在"躺平"与"内卷"中挣扎，难以平衡发展的方向，

如何破局？ // 080

贰 找准个人品牌定位，成为一个发光体 // 085

破局十三：在知识经济的洪流中慢人一步，如何破局？ // 087

叁 职场九大优势，你占了其中哪条？ // 091

破局十四：找不到自己的职场优势，一直碌碌无为，如何破局？ // 095

肆 真正的职场狠角色，从不害怕冲突 // 098

破局十五：既不想讨好他人，又不敢面对冲突，该如何破局？ // 101

伍 向上管理，让领导成为你的资源 // 104

破局十六：总是被领导主导，失去自主性和主动性，如何破局？ // 107

陆 比起职场晋升，自身成长更重要 // 111

破局十七：迟迟得不到晋升，挫败感与日俱增，如何破局？ // 114

柒 向下兼容，构建你的领导力 // 118

破局十八：身居领导岗位，却屡屡遭到下属质疑，如何破局？ // 122

第四章

▼

破人际局：不交情商税也能拥有好人缘

壹 别人怎么对你，都是你教的 // 126

破局十九：明明待人真诚友善，却总被欺负，如何破局？ // 130

贰 强大的人擅用良性冲突 // 133

破局二十：处处让步试图避免冲突，却总是陷入被动，
如何破局？ // 136

叁 聪明人能边吵架边解决问题 // 140

破局二十一：深陷冲突与回避冲突的负面情绪中，如何破局？ 143

肆 如何向他人提供情绪价值 // 147

破局二十二：每天都感到压力重重、烦恼多多，如何破局？ // 150

伍 慧眼识人：谁可深交，谁该警惕 // 154

破局二十三：分辨不清应以何人为友，如何破局？ // 158

陆 建立深度信任关系，互相成就彼此 // 162

破局二十四：遇见值得深交的人，却无法让关系更近一步，
如何破局？ // 166

第五章

▼

破修心局：唤醒自己，掌握人生选择权

壹　成为更好的自己，不如更好地成为自己 // 172

破局二十五：当"成为更好的自己"成为焦虑的源头，我们该
如何破局？// 174

贰　不要活在他人的偏见里 // 178

破局二十六：当别人因为偏见误解、嫌弃我们时，该如何破局？// 180

叁　缺点未必是缺点，转化一下也许就是优势 // 184

破局二十七：被缺点困扰而自卑、自艾时，该如何破局？// 185

肆　抓住影响对方的关键点，建立共情 // 191

破局二十八：共情能力不足，跟别人难以同频，该如何破局？// 192

伍　失败是一时的，它只是让成功延迟一会儿 // 198

破局二十九：被失败的挫折困扰时，该如何破局？// 199

陆　终身学习：从平庸到深刻，从深刻到独特 // 203

破局三十：世界瞬息万变，我无法适应，不知何去何从时，
该如何破局？// 205

第一章

破逆风局：
身处劣势，也能化危机为转机

壹 与其寻找标准答案，不如打破传统规则

在学生时代时，我们或多或少地受过应试思维训练——寻找标准答案。很多人即使走入职场之后，仍然保留着这种应试思维，以至在处理各种问题、应对不同矛盾时都显得十分谨小慎微。

· 工作文件我一定要严格按照标准去写，不能有任何变动。

· 领导给我提的要求，我必须遵照执行。

· 只要是客户提出的需求，我都应该无条件地满足。

尤其是不少刚进入工作岗位的职场小白，每天上班都战战兢兢、如履薄冰，做任何事情都要反复询问上级的意见，力求交出一张和标准答案一模一样的完美答卷。殊不知，越是这样做越会陷入思维定式的陷阱，反而得不到自己想要的结果。

放眼人生，其实也是如此。社会似乎在不知不觉中给每个人都制定了一份标准答案：十八岁应该考上理想的大学；二十五岁应该找到一份体面稳定的工作；三十岁应该成家立业，拥有和谐的家庭生活；四十岁应该事业有成，为家人提供生活保障……

无数的人终其一生都在朝着标准答案努力奋斗，如果某一项没有合格，就会为此感到惶恐不安，陷入自我怀疑的境地。然而，他们完全没有想过，这份所谓的标准答案真的合理吗？我们真的有必要为了标准答案而束缚自己的人生吗？

实际上，真正强大的人从不在意世界上有没有标准答案，他们更愿意相信自己的价值判断。没有人可以左右我们内心真实的意愿，不要在追寻标准答案的过程中迷失自我，听从自己心灵的召唤，"不标准"的人生一样可以活出无限精彩。

破局一：囿于思维定式，陷入自我怀疑时，如何破局？

很多时候，苦苦追寻别人为我们设置好的"标准答案"，其实是一件事倍功半的事情。这个过程不仅费时费力，更重要的是结果往往也并不能真正令人满意。这种情况下，不妨跳出传统思维，换一种打法，以主动的姿态寻找新的赛道，反而能取得意想不到的成效。

放眼商界，这样的玩法屡见不鲜。就如我们身边随处可见的蜜雪冰城，正是打破思维定式的典型成功案例。随着奶茶成为广受消费者追捧的饮品，各式各样的奶茶店铺开始遍布大街小巷。从最早五元一杯的台湾珍珠奶茶，到后来三十元一杯的喜茶，奶茶逐渐从早期的廉价饮料，摇身一变成为一种都市时尚潮流。于是，那些后起之秀如古茗、沪上阿姨、一点点、CoCo等品牌，都加入了以喜茶为核心的时尚圈，把追求高品质、高格调作为打造品牌的基础。可以说，喜茶的出现给奶茶行业制定了一份"标准答案"。

由于奶茶品牌不断增多，奶茶行业呈现饱和状态，因此新品牌的准入门槛也变得越来越高。在这样的市场行情之下，蜜雪冰城想要在奶茶界占据一席之地可谓是难上加难。但是，蜜雪冰城并没有被固有思维所局限，而是敏锐地察觉到消费者对于日益高昂的价格已经表现出明显的不满，甚至开始对奶茶的性价比产生了怀疑。

顺着这样的思路，蜜雪冰城果断抛弃了奶茶行业已经制定好的"标准答案"，转去开拓属于自己的新赛道。因为蜜雪冰城最初就是靠销售物美价廉的饮品起家，他们的优势就在于价格优惠。所以，在价格日甚一日的奶茶市场里，蜜雪冰城反其道而行之，不再强调自身产品的高品质，不刻意抬高品牌调性，而是将低廉的价格作为主要竞争力，立刻在奶茶行业里打开了属于自己的一片天地。

蜜雪冰城的成功非常鲜明地体现出创新的重要性。如果没有打破传统规则的胆识和魄力，那么蜜雪冰城很可能也会和众多失败的小品牌一样，在奶茶商战中一败涂地。运用类似手法的还有瑞幸咖啡，同样是利用低价优势开拓出了国内咖啡市场。

由此可见，无论是在什么领域内，学会找到适合自己的"答案"非常重要。不要被竞争对手牵着鼻子走。盲目地跟风只会让自己越来越累，越来越感到力不从心。只有找准自己的优势，在自己的主场扬长避短，才能最大限度增加成功的概率。

那么，回到我们普通人的视角上来，具体应该怎么去做呢？

"标准答案"有时是个伪命题

"标准答案"其实是学生时代的产物，是教育者方便对学生进行选拔而采取的一种制度。但是到了社会上，我们很快就能发现，并不是所有的事情都能设置成标准答案的形式，恰恰相反的是，任何问题都有错综复杂的解决路径，就看你如何选择而已。

所以，步入成年人的世界之后，你要认清一个现实——"标准答案"在大多数情况下是一个伪命题。过度地迷信标准答案只会让你的人生陷入无穷无尽的自我内耗之中，自卑、焦虑、迷茫等负面情绪都随之而来。看清真实情况，调整好心态才是正确的做法。

分析自己的发展需要跟哪些"传统规则"相冲突

挣脱传统规则束缚的第一步是准确评估自身的特点。

每个人都有自己的个性和特质，当你的性格特点和行业需求相冲突、相违背的时候，即便那个岗位待遇再丰厚，你也无法在这样的平台上充分发挥自己的价值。千万不要为了让自己符合"传统规则"的要求，就去进入不适合的领域。那些被众人追捧的职位或者行业，未必适合你。否则最后的结果只能是惨淡收场。

在"传统规则"之外寻找与自己更契合的新兴领域

当今世界正处于一个千变万化的时代，任何行业、任何领域都有无数的机遇和无数的可能。很多新兴的行业，例如：区块链、新能源、无人机等，它们或许并非传统意义上的"铁饭碗"，但对我们来说也不失为一种新的尝试机会。

只要我们清晰地找准了自己的定位，明白自己的特点和长处在哪里，那么不妨大胆地去探索新兴领域，摆脱标准答案的约束，在全新的行业里找到真正适合自己的人生方向。

总结

人生是一场充满了不确定性的试卷，每个人都有属于自己的答案。我们要学会寻找除了标准答案以外的更优答案，打破"传统规则"，摆脱没有意义的竞争和内卷。只有找到了适合自己的赛道，才能以更快的速度，跑向我们预期的终点。

贰 所有的逆袭都是有备才来

网络上常常能看到各种励志视频："某某某从学校保安逆袭成为名校研究生""高考落榜生最终逆袭变身千万总裁""卖菜小贩华丽蜕变上市公司CEO"。的确，逆袭的人生总是令无数人羡慕，也会有人很多感慨为什么他人的逆袭故事永远不会发生在自己的身上。但是，当你在羡慕别人的逆袭人生，抱怨命运不愿意眷顾你的时候，是否想过找一找自己身上的原因？难道逆袭成功真的只是靠一时的运气吗？其实不然。

· 逆袭离不开努力学习来储备足够的行业知识。

· 逆袭离不开反复实践去了解社会风口和行情。

· 逆袭离不开积极拓展人脉搭建创业的渠道和桥梁。

逆袭绝不仅仅是一次运气的降临，而是无数汗水凝聚而成的成功果实。逆袭不是靠运气，而是有备才来。所以，想要实现什么样的人生逆袭，就要做好什么样的准备工作。

破局二：当我们不被好运眷顾，无法实现逆袭时，如何破局？

身处职场当中，我们常常会受到各种各样的制约。上司不重视、同事不团结、下属不配合，身处这些逆境时，渴望逆袭的想法就会更加强烈。但仅仅停留在想法是不够的，必须付诸行动才能将逆袭的梦想变为现实。那么，逆袭到底应该从何入手呢？

其实，逆袭的底层逻辑是要判断好当前的形势，并且运用各种方法做出对自己最为有利的选择。首先要想清楚以下三个问题。

· 你此时此刻面临的困局是什么？

· 什么样的做法可以改变你的这种处境？

· 哪一种做法可以实现最优化的效果？

如果每一个问题，你都找到了属于自己的正确答案，那么逆袭人生必然也将会属于你。

三国时期的曹操就是依靠智慧和谋略赢得人生逆袭机会的一代

枭雄，而他实现逆袭的原因就是对时局做出了精准判断，并且能够快速地抓住宝贵的时机。

东汉末年，汉朝的王室已经衰落，董卓趁机把控了朝政，导致天下大乱，民不聊生。后来袁绍和曹操先后率兵讨伐董卓，但此时曹操的势力完全无法和袁绍的相提并论。

对于曹操来说，面对袁绍这样强大的对手，他显然处于逆风局当中，而破局开启逆袭之路的关键就在于他能否抓住扭转局势的契机。正所谓"四两拨千斤"，很多时候选准了时机行事往往能事半功倍。

很快，曹操等来了改变他人生走向的转折点——挟天子以令诸侯。因为何进、董卓等人的叛乱，汉天子被迫四处流亡。公元196年，看到机会的曹操当机立断，立刻带兵击败乱军，前往洛阳迎接天子，之后又迁都许昌。这一举动看似是为了匡扶正义，延续汉王朝的统治，实际上是曹操借此之机让自己师出有名，并且真正掌握了朝廷的统治权。

而在此之前，实力比曹操更为强大的袁绍不愿意听取属下的建议，未将汉献帝迎接到自己的领地。因为在他看来，自己已经手握重兵，位高权重，为什么要给自己找来一个"顶头上司"，平添许多麻烦呢？由此可见，在改变命运的十字路口上，曹操的眼光要长远得多。他敏锐地察觉到迎接汉献帝的做法不在一时之利，而在于长期的收益。只要把握住了这次机会，未来就很可能在群雄争霸的过程中逆风翻盘。

当然，挟天子以令诸侯的做法并不是曹操的原创，早在西汉刘向所编撰的《战国策》中就已经记载了这一计策。曹操手下的谋臣毛玠借鉴历史，向曹操献上此计，很快就得到了曹操的赏识和认可，并且让魏国最终成为中原霸主。

从曹操的故事中，我们不难看出他的逆袭之路可谓环环相扣，每一个准备环节都必不可少。长远眼光、知人善任、行动果断，只有充分做好了这些准备工作，才能让逆袭成为可能。

那么，生活在现代的我们应该如何借鉴曹操的故事，实现逆袭破局呢？

不纠结情绪，为解决问题而思考和行动

想要实现人生的弯道超车，首先要排除那些无意义的情绪干扰。消极的情绪状态只会影响我们的判断和思考，不再纠结于这些情绪才能以一个良好的状态开始我们的逆袭人生。

然后，我们要针对现实中所存在的问题认真思考，并且积极行动起来，寻求解决方法。我们之所以处在困局之中，是什么原因导致的？从哪些方面入手可以改变这样的局面？思考清楚这些问题，逆袭便不再无据可循。找准方向，看准时机，立刻行动，逆袭人生

才可能成为现实。

不自我设限，何时做真正热爱的事情都不晚

曹操曾写下千古名句："老骥伏枥，志在千里。烈士暮年，壮心不已。"真正有远见、有雄心壮志的人从来不会给自己设限。他们有明确的目标，有坚定的信心，更有永不言败的决心，他们相信自己不论从何时起步，只要心存热爱，终能看见山巅的风景。

逆袭本身并不难，难的是我们如何打破内心的阻碍。很多人进入职场之后，逐渐被各种规则和人情世故所束缚，尤其是步入中年以后，更是被生活磨平了棱角，失去了斗志，也忘记了自己的初心。但越是这样的时刻，越要叩问自己的内心：什么是我真正热爱的事情？我为什么不能为自己的那份梦想奋力一搏？逆袭、成功、圆梦从来不分早晚。只要你肯勇敢地迈出第一步，那逆袭的目标就不算遥遥无期。

"找对人"，逆袭不能靠单打独斗

"众人拾柴火焰高"，如果能够拥有一个得力的帮手，往往能在很多关键性的时刻给予我们助力。因此，除了自我努力之外，"找对人"同样是逆袭必不可少的环节和因素。

尤其是职场当中，我们想要在工作上表现得出众，在同行竞争

中实现弯道超车，那就少不了专业人士的指点迷津。很多情况下，我们常常处于"当局者迷"的状态，自己无法看出问题所在。此时，如果有一位"旁观者清"的高手点拨一番，那么效果自然会出彩得多。

"做对事"，抓住每一次变革的风口

人生犹如大海航行，每一次风口都象征着一次机遇，能否找准方向，做对选择，决定了我们的人生最终会走向怎样的结果。如果可以及时地把握住时代的契机，逆袭就绝不再是一件难事。

想要"做对事"，必须要有洞察力。三十年前没有人相信可以在互联网上购物，二十年前没有人想过可以通过手机进行面对面交易。成功的逆袭者可以看见被人忽视的商机，提前布局，抢占先机。我们在职场上也同样如此，用长远的眼光去思考和决策，才能真正"做对事"。

总结

逆袭从来不是一场无准备之仗，恰恰相反，逆袭需要精心的筹划、缜密的判断和果断的行动。长远的眼光，积极的心态，外界的助力，这些条件缺一不可。所以想要实现人生的弯道超车，我们就要充分发挥主观能动性，将每一个步骤都做到尽善尽美。

叁 不做无谓内耗，正确判断该不该跳出舒适区

如果世界是一个"贴吧"，那么，在"人生"这个分类版块中，"越活越好"肯定是最火热的"讨论组"。

怎么才能让自己越活越好呢？

每一个人都有属于自己的答案。这些答案五花八门，但概括起来，大体上可以分为两类。

一类认为，生命不息，奋斗不止，人只要活着，就应该永远拼搏向前，不断努力、不断学习、不断攀高、在挑战中迅速成长，也就是我们常说的要跳出舒适区。

另一类则认为，人应该知足常乐，不能总是"这山望着那山高"，只要生活过得去，就没必要太拼，差不多就可以了。如果现在的

生活过得已经很舒适，就没必要再折腾，适当躺平，待在舒适区也挺好。

截然相反的两类主张，各有各的道理，说不上谁对谁错，而大家争论的焦点，总结起来，不外就是：要不要跳出舒适区？

回答"要"，会被指责自我加压、急功近利、野心蓬勃不知足。

回答"不要"，会被嘲笑、怠惰懒散、毫无上进心。

要？会面临许多未知的新挑战、新困境，或许会加速自我的成长，但也可能因为压力过大，陷入精神内耗的泥潭无法自拔。

不要？安贫不一定能乐道，长时间的原地踏步就意味着落后，会被人赶超，会失业，会空虚、会焦虑、会荒废时光……最后，也难逃内耗的魔掌。

所以，跳也是错，不跳也是错；跳也内耗，不跳也内耗；问题就这样又绕回来了。我们到底该如何抉择？怎样才能让自己"越活越好"呢？

破局三：精神内耗，不知道该不该跳出舒适区，怎么破局？

在回答这个问题之前，首先，我们得先搞清楚两个概念。

什么是内耗？什么是舒适区？

内耗，简单点来说，就是人在精神、精力上的一种长期的、不断的自我消耗。

之所以会出现内耗，大多数时候都是因为人们想控制自我达成某种状态，但却达不到，或是纠结于自己到底能不能达到、怎样去达到。

换而言之，内耗就是人内心的自我在打架、在内讧、在朝相悖的方向撕扯：一个声音说"要"，另一个声音说"不要"；一个声音说"该停下，别勉强"，另一个声音却说"办法总比困难多，再拼一拼，肯定能成"。

如此这般，短时间内或许没什么，时间一长，人就会变得很累。这种累不是身体上的疲惫，而是那种从里到外、无法缓解的精神疲惫。用网上比较流行的一句话说就是："整个人都蔫了，没电了。"

而舒适区，就好比人的"休息区""充电区"。

它并不是一个具体的区域，而是指一种比较舒适的状态，是指人在某种环境、某种行为或者某种生活模式、习惯模式下，会感到舒适、惬意、怡然。

·对顾家的男人来说，一家人在一起平淡安稳的生活，就是他的舒适区；

·对爱玩游戏的少年来说，每天睁开眼就能打游戏，在游戏里叱咤风云，就是他的舒适区；

·对喜欢旅游的人来说，经常看到不同的风景，四处旅居的生活，就是他的舒适区；

·对热爱读书的人来说，一杯茶、一本书、一捧阳光，能够安安静静地阅读，就是他的舒适区。

谁不喜欢待在舒适区？谁愿意内耗？

我们夜以继日、不辞劳苦的奋斗、打拼，为的是什么？难道不是让自己、让家人、让自己在乎的所有人越活越好吗？

所以，如果跳出舒适区就意味着内耗；如果跳出舒适区的结果是让我们变得不舒适，那么，我可以很肯定地告诉你，你不需要跳，也不该跳！

相应的，如果跳出舒适区不会让你感到疲惫，不会加重你的精神内耗，那么，亲爱的，请尽情地跳，能跳多远就跳多远，能跳多高就跳多高。

是否选择跳出舒适区，需要因地、因人、因时、因事而做出决定，不能盲目跟风。

审慎甄别，确定自己是不是真的处于舒适区

每一个人，都有属于自己的舒适区；人千差万别，舒适区自然也千差万别。但有一点，却永远都不会变，那就是：待在舒适区中，人的状态该是放松的、舒适的、快乐的、知足的、惬意的。或许也会有烦恼，也会有纠结，但绝不会长时间地焦虑、痛苦、抑郁，更不会出现无止境的精神内耗。

所以，如果现在你的生活、你的职业状态、你的想法、你对未

来和理想的规划、你的行为模式，带给你的不是舒适，而是严重的精神内耗，那么，很显然，你自以为的舒适区并不是真正的舒适区。这个时候，拒绝自我PUA，果断跳出来，无疑才是最正确的选择。

跳出舒适区并不意味着瞎折腾

跳出舒适区，更确切地说，其实是跳出一种"自我满足"的状态；跳出舒适区的目的，是为了创造更大的舒适区，是为了不断进取、不断成长。

比如刘邦，他不甘于在沛县做个小小的亭长，离开沛县，白手逐鹿，争夺天下，最后，成为帝王；比如董明珠，她不愿意过朝九晚五、平平淡淡、小富则安的日子，主动放弃安定的生活，放弃固有的成绩和荣光，不断努力开辟新赛道、征服新领域，步步登高。

这才是跳出舒适区的正解。

如果你的跳出舒适区不是这样，如果你只是为了跳出而跳出，无的而放矢，如果你的跳出舒适区就是在自己完全不熟悉的领域，漫无目的地胡闯乱撞瞎折腾，那与其跳出舒适区，还不如安安稳稳地待在舒适区。

不是所有人都适合跳出舒适区

人和人的性格不同，能力不同，擅长的赛道也不同。

有人天生敢闯敢拼，适合开拓，适合创新创业；有人骨子里本就保守，知足常乐，没那么上进。

从某种程度上来说，跳出舒适区意味着挑战和冒险。

所以，跳出舒适区这个选项，真的不适合所有人。

对那些擅长守成、不喜欢冒险的人来说，安安稳稳地待在舒适区，守住自己已经拥有的一切，反而是最佳的选择。

在舒适区内也可以让自己活得更好

与其在"跳"与"不跳"之间纠结，不如提高自己在舒适区的竞争力，让自己活得更好，这无疑也是一种理想的状态。

那么，如何做到这一点呢？

很简单，只要八个字：深挖细掘、精益求精。

一直以来，待在舒适区中最被人诟病的一点，就是人自安自限、自我满足、原地踏步、不求上进。

可是，在不跳出自己熟悉并擅长的领域的前提下，努力深化、细化、精化自己的技能，不也是一种上进吗？

而且，因为本就待在舒适区，做的是自己原本就熟悉和擅长的事，所以不会产生精神内耗。

如果跳出舒适区意味着高风险、高挑战性，对能力、心智、情商、逆商要求也更高，那么就以留在舒适区为基础提升自己，无疑更具有可操作性，更适合普普通通、平平凡凡的我们！

打个比方，舒适区就相当于在游戏中将一项技能练到了"精通"程度，这能够保证主角杀死大多数怪兽；跳出舒适区，就相当于放弃原本的技能，去练一个自己不熟悉的新技能；而留在舒适区，通过精益求精、深挖细掘来"上进"，就相当于从不同的层次和角度不断锤炼自己原本就"精通"的技能，把技能练到"出神入化"。如此，我们不仅能维持原本的战力和地位，还能靠着提升后的技能，更轻松地应对工作，更从容地处理危机，让生活变得更舒适，岂不是两全其美？

总结：

人不可以不奋斗，但也不必过度奋斗。

人要活得舒适、惬意，就要自知、要量力，在不精神内耗的前提下，与时俱进、适度地自我提升、有选择地奋斗，就可以了。

要知道，人们拼命打拼，目的是让自己活得更好，而不是让自己活得更累。所以，凡事适度，适可而止，别求得太多，别希冀太高，条件合适、目标明确且自己愿意的时候，可以适当跳出舒适区；如果不，倒不如待在舒适区中，自我提升、精益求精，虽然途径不同，但同样也能把日子过得更舒适、更惬意。

肆 找到自己的主场，
你也能破逆风局

生活中最令人沮丧的事，莫过于干啥啥不行，处处被麻烦牵着鼻子走，彻底陷入人生的逆风局。面对逆风局，先别急着灰心丧气。陷入被动的你不一定是真的不行，更大的可能是你尚未找到自己的主场，所以才有力无处使。

经常看球赛的朋友都听说过"主场"和"客场"。所谓主场就是球队在自己的场地跟对手进行比赛。客场就是去对手的场地进行比赛。

主场作战通常更为有利。球队平时就在主场训练，熟悉场地环境，适应当地气候，而且支持自己的球迷占大多数，更容易发挥出高水平。

客场作战则相对困难，要重新适应场地、气候，耳朵里充斥着对方球迷的加油声或嘘声。

为了公平起见，球赛往往采用的是主客场赛制，竞赛双方各打一次主场和一次客场。当两支球队的水平不分伯仲时，都会力求在主场赢得胜利且多多进球，而到客场比赛时则力求少输球，争取打平手。如果哪一方的主场优势没发挥好，输掉了比赛，那么想在客场反败为胜就难上加难了。

其实生活中处处都有主场和客场，两者都会贯穿你的一生，从没离开过你的生活。仔细回想一下，你是不是也有过这样的感受？

·有些事情能轻而易举地做到，另一些事情却使出吃奶的劲都做不好。

·在熟悉的环境能正常发挥水平，换一个环境就感觉处处束手束脚。

·用自己的设备办公时效率很高，换一台设备就思路不畅。

·跟熟人聊天时能滔滔不绝，遇到陌生人却不知该找什么话题。

·做自己感兴趣的事可以废寝忘食，做别人交代的事就容易精神倦怠。

诸如此类的生活中的例子，还能举出很多很多。也许细心的你已经察觉了。当你有畏难情绪或者提不起兴趣的时候，宛如逆水行舟，就说明你的身心一直处于客场作战的状态。反之，当你感到如鱼得水、游刃有余的时候，天时、地利、人和都站在你这一边，就像占尽主场优势的球队那样信心十足。

遗憾的是，人生不是体育比赛，没有统一的起跑线，更不会给你安排一个公平的主客场赛制。

上学时，老师占据主场优势，你是被各种试卷考验的一方；求职时，面试官占据主场优势，你是被用人单位考察的一方；拜访客户时，客户占据主场优势，你是被客户质疑的一方……

总之，很多时候，你都是在客场打逆风局，不得不面对他人的主场优势，遵守对方制定的规则，命运被对方所左右。真正强大的人能凭借实力打破客场劣势，赢得最终的胜利。然而我们大多数人都很平凡，并没有绝对的翻盘实力，常常受制于人，难以真正掌控自己的命运。

破局四：当实力悬殊面对逆风局时，如何破局？

我们常常并不具备轻松化客场为主场的能力，但我们仍有战胜命运的野心，想要扭转劣势，摆脱被动局面。

那么，我们就不能用僵化思维束缚头脑、蒙蔽眼界。虽然我们没有先天的主场优势，却可以培养主场思维，解放自己的主观能动性。

主场思维就是找到自己的主场，用自己的主场优势去解决问题，把逆风局转化为顺风局。

五代十国时期是一个英雄辈出、战争频繁的时期。在这个时期，六合之战以其以少胜多的特点，成为一场著名的逆袭之战。公元956年，后周与南唐两大政权在六合之地展开了一场震撼人心的较量。

当时，后周世宗柴荣派遣赵匡胤率领两千精兵，阻击南唐两万大军。从兵力对比上看，后周军队处于绝对劣势。然而，历史的魅力就在于它的不可预测性。在这场看似悬殊的战斗中，赵匡胤用他的智慧和勇气，书写了以少胜多的辉煌篇章。

赵匡胤并没有因为敌众我寡而气馁。相反，他冷静分析敌我形势，充分利用地形和兵力优势，制定了周密的战术。他命令士兵们利用地形修筑防御工事，同时派出轻骑兵进行游击战，不断消耗敌人的有生力量。

南唐军队虽然人数众多，却并没有优秀的作战策略，面对赵匡胤的灵活战术，他们陷入了被动挨打的境地。赵匡胤抓住战机，亲自率领敢死队发起冲锋，一举击溃了南唐军队的防线。

此战过后，南唐主李璟为求和，向后周称臣，并献出长江以北的地区。赵匡胤的威名远扬，他的智慧和勇气成为后世的传颂之典。

六合之战的胜利并非偶然。它凝聚了赵匡胤的军事才能和领导能力，也体现了后周军队的英勇善战和团结一心。这场逆袭之战的成功告诉世人：在战争中，必须充分发挥自己化客场劣势为主场优势的主观能动性，善于利用敌人的弱点，才能扭转悬殊的实力，取得最终的胜利。

同时，六合之战也展示了五代十国时期战争的特点和影响。在这个混乱的时代，战争不仅仅是兵力的比拼，更是智慧和勇气的较量。只有那些善于运用战术、灵活应变的将领才能在这个时代立足。这场战斗不仅为后周赢得了更多的领土和资源，也为后来宋朝的建立创造了有利的外部环境。

赵匡胤在六合之战中的表现更是让人惊叹不已。他英勇善战、智勇双全。他出色的指挥能力使他得到了后周世宗柴荣的信任和尊重，也为他日后建立宋朝奠定了基础。

六合之战的影响深远而持久。它不仅改变了五代十国的政治格局，也对中国历史的发展产生了深远的影响。这场以少胜多的逆袭之战成为中国军事史上的经典战例之一，被后人广为传颂和研究。

那么，怎样才能培养主场思维，找到自己的主场优势呢？

提前预判，不要让自己轻易陷入客场劣势

俗话说"在家千日好，出门一日难"，生活和工作的地方就是你的主场。休息时，家是主场；工作时，单位是主场。

当你需要跟客户谈判时，应尽量避免去对方的主场进行"客场作战"。如果客户邀请你去他的单位，不要轻易答应客户。不妨加倍热情地邀请客户来你的单位，热情到让客户难以拒绝，然后发挥你的主场优势，有助于谈判取得成功。

尽量避免用自己的短板去对抗他人的强项

主场思维并不局限于选择自己熟悉的场地，更重要的是选择最适合自身特点的战略战术，"你打你的，我打我的"，"打得赢就打，打不赢就跑"。当对方实力明显强过自己时，不要正面迎战，可以迂回作战，先避开，再回头用自己的强项去打。

想要做到这一点并不容易。因为人们往往习惯了"兵来将挡，水来土掩"，跟回合制战斗似的，你出一拳，我马上接着出一拳，这样就容易被对方带着节奏走，按照对方熟悉的方式做事，自曝其短。我们要改变这个习惯，学会扬长避短。

努力构建并扩大自己的主场

我们应当用辩证的眼光看待主场和客场，在一定条件下，主场与客场是可以互相转化的，要学会在任何地方找到自己的优势。这样，哪怕身处客场，也能胸有成竹，掌控节奏。

能让我们反客为主的优势是什么呢？可以从以下三个方面来寻找。

一是你熟悉的领域。

你每天目之所及，就是你熟悉的领域。大到城市里的各种行驶路线，小到本地菜市的食物价格，以及在网上了解到的各种信息，看起来零零散散，却都隐藏着有价值的情报。这些信息收集得越多，就越有可能从中捕捉到别人忽略的潜在机遇。你熟悉的领域就是你的主场，其他人在你的领域，都属于"客场作战"，他们想要了解情况，只能向你虚心请教。

二是你感兴趣的事物。

兴趣爱好是最好的老师，它能让你投入百倍的精神和热情，直到熟能生巧，甚至形成属于你自己的独门绝技。充分发展你的兴趣爱好，争取把它变成你的专长。这是一种找到自己主场的好办法。

三是你擅长的专业。

个人擅长的专业会让你更加自信，更加积极主动地做事。如果你具备什么专业的技能，就在一切用得上它的地方尽情使用，争取在最利于这个长处发挥的场合解决问题。

总结

一个人最大的主场优势，就是主场思维。我们常常把自己完全置于考生的地位，任由对方出题考验，一味地被动应付。懂得主场思维的人则会积极扮演考官的角色，主动出题考别人，让别人跟着他们的节奏走。如此一来，我们就能把做事的主动权紧紧握在手里，实现之前无法完成的目标了。

伍 当危机来临时，如何迅速稳住阵脚

人生的旅途从来不是一帆风顺的，前行的道路上难免会遇到各种挫折和坎坷。如何处理危机，如何打好生活中的逆风局，这是我们每个人都必须面临的问题和挑战。

对心理学有所了解的朋友应该知道一个概念——逆商，也就是人在面对逆境时处理问题的能力。如果说智商决定了一个人成功的上限，那逆商就决定了他失败的下限。逆商高的人即使遇到再严重的危机，也能够临危不乱，机智从容地加以应对。甚至有的人还能在关键时刻，力挽狂澜，扭转局势，最终做到反败为胜。

"短板效应"里提到，限制一个人向上发展的阻碍，往往就是那块短板。那么提高逆商，其实就是在弥补短板，从而提升整个人生的高度。如果说智商很大程度上取决于先天的遗传条件，那逆商就更多来源于后天的培养。

老子说过："福兮，祸之所倚；祸兮，福之所伏。"尽管在遇到困境的时候，我们往往会感到挫败和失落，甚至有的人还会自暴自弃。但反过来思考，正是这些困境让我们增长经验和阅历，让我们得以磨砺自我，锻炼我们的逆商，进而更从容地迎接未来的挑战。

破局五：受制"短板效应"，身处逆境时，如何破局？

提高逆商是一个自我修炼的过程，虽然失败是一件令人沮丧的事情，但失败的经验是十分宝贵的人生财富。不同层次阅历的人，逆商的水平也相差极大。高逆商者往往都是经过摸爬滚打、千锤百炼成长起来的勇士。

例如官渡之战中，在同样面临粮草危机的情况下，曹操和袁绍各自表现出来的逆商水平就截然不同。官渡之战可以说是曹操打过的最艰难的一场战争，因为在与袁绍相互对峙期间，曹操几乎已经是弹尽粮绝，到了山穷水尽的地步。但他从一开始就没想过放弃，哪怕处境艰难，也拼尽全力袭击袁绍，成功烧掉了袁绍大军的粮食。

但袁绍毕竟实力雄厚，很快就又筹集了一批粮食准备运送到军事驻地。在这种情况下，只要粮食能够成功运到，曹操必败无疑。然而，袁绍和曹操两人之间的逆商差异，在此生死存亡的危急时刻暴露了出来。

由于袁绍一直以来都占据着优越的地理位置，手握重兵重权，没有经历过特别大的失败和挫折，而且他自认为胜券在握，所以有些掉以轻心。当手下提出趁曹操不备袭击许昌的计策时，袁绍对此嗤之以鼻，甚至后来还与自己的谋士产生了隔阂。

袁绍的失误给了曹操可乘之机，尤其是当袁绍的谋士前来投奔曹操时，曹操连鞋子都来不及穿就前去接待。袁绍的谋士向曹操提出了袭击乌巢、烧毁粮食的计谋，曹操不仅立刻采纳，而且还亲自带队前往。因为曹操明白，这是他最后的机会，必须牢牢地把握住，否则只能坐以待毙。最终曹操成功袭击了袁绍的粮草所在地，扭转战局，取得了胜利。

曹操之所以能够反败为胜，很大程度上得益于他的实战经验。曹操经过多年的征战，遭遇了多次失败，才逐渐走到高位。他所经历的深刻磨炼，让他获得了丰富的经验。大大小小的战役让曹操见识了战争的方方面面，面对困局时就能做到临危不乱，抓住每一个机会实现逆风翻盘。

那么反观我们自己，又该掌握哪些提升逆商的技巧和方法，从容应对逆风局呢？

先把情绪从危机中抽离出来，稳住阵脚才能冷静思考

当突发危机状况时，保持冷静是第一步，也是最为重要的一步。人在遇到危急情况的状态下，恐惧和紧张是本能反应，然后随之而来的就是逃避心理。但很显然，这样的心态是无法做出合理应对的。所以，逆商高的人能够克制自己的本能反应，快速整理情绪，保持冷静、理性的头脑，这样才能思考应对策略和方法，确保自己可以从危机中全身而退。

放弃对旧策略的幻想，不在错误的方向上钻牛角尖

俗话说："不撞南墙不回头，不到黄河不死心。"这种执拗的态度如果用于应付危急情况就大错特错了。我们首先要明白，当危机发生的那一刻，就已经证明了我们先前的策略是错误的，如果还对此心存幻想，不愿意放弃的话，那只会让危机的影响不断扩大，最后失去扭转局面的可能性。

所以，这种情况下我们就要有壮士断腕的决心，果断放弃之前的策略，做好重新规划的准备。尽管前期你可能为了某一份策划、某一个项目付出了很多的心血，但是一旦它出现了问题，该舍弃就要舍弃。因为在错误的方向上钻牛角尖，就如同缘木求鱼，很难得到好的结果。

梳理具体问题，重新制定策略

当我们以冷静的心态，快速调整好新的方向，接下来就是应对逆风局的关键一步——具体问题具体分析。我们首先要思考以下三个问题。

· 处理此次危机需要解决哪些问题？

· 这些问题的根源出在哪里？

· 用什么样的方法能够最快速、高效地解决问题？

正所谓"知己知彼，百战不殆"，摸清楚危机产生的源头，才能做到有的放矢。接下来就要细数自己手中的牌，哪些牌可以先出，哪些牌可以后出。在这个过程中还要注意，不要上来就啃"硬骨头"，先解决简单、容易的问题。因为简单的问题解决了，既能提升我们的信心，又能为解决后面的问题铺平道路。

如果无法独自力挽狂澜，就及时向可靠之人求助

当情况过于复杂危急，那么善于求助也是一种生存的智慧。有的人碍于面子，总是喜欢大包大揽，把责任都扛在自己肩上，看似很有担当意识，实际上对解决问题并不能起多大的作用。我们一定要明确，应对危机时的第一要务是解决问题，扫清障碍，而不是凸显自己的责任感。因此，及时向他人求助也是必不可少的手段。当然，

求助的时候必须学会甄别，什么样的人能给予我们支持，什么样的人只会帮倒忙。找到对的人，才能起到力挽狂澜的作用。

总结

  遇到危急情况要先努力保持冷静，然后寻找解决问题的办法，或是寻找能够帮助你力挽狂澜的贵人。当然，提前学习应对危机的技巧也很重要，这样有助于我们更加从容地处理危机。但从某种程度上说，技巧和方法容易掌握，个人意志力的培养才是重中之重。锤炼心智、磨炼毅力，这也是提高逆商的关键因素，对我们的人生大有助益。

第二章

破认知局：
解放思想是非常划算的投资

壹 你的思维里面有"墙"吗？

人与人之间的差异并不完全取决于智商或情商，而是更多地体现在思维方式上。

现在仔细回想一下，你有没有过以下这些行为：

朋友推荐了一个宝藏旅游地，你也通过各种渠道了解到该地值得一去，但一想囊中羞涩，压制了自己向往的欲望。

遇到了一个各方面都很合拍的女孩，明明看出来女孩对自己也有意思，但一想自己的穷困，怕表白被拒绝，直接断了来往。

想要搞个八小时之外的业余兼职，看中了短视频的红利，兴冲冲地报了短视频课程，但一想万一工作忙碌加班没时间学多浪费，结果不了了之。

为什么明明有兴趣有想法，但最终未能落地呢？

这是因为我们被思维里的"墙"围住了，它让我们束手束脚，不敢乱动。

有一个非常著名的心理学效应——跳蚤效应。

实验人员将跳蚤放进了一个玻璃桶中，跳蚤很轻松地就跳出了这个玻璃桶。

然后，实验人员将跳蚤放入加了盖子的同样的玻璃桶中。跳蚤不管怎么跳，最终结果都是碰到盖子上。

慢慢地，跳蚤跳起来的高度降低了，再也没有碰到盖子。

一周后，实验人员将玻璃桶上的玻璃板拿走，但不管跳蚤怎么跳都与瓶口差着一段距离。跳蚤还是充满活力地一直跳，但它再也没有跳出玻璃桶。

实验中的那只跳蚤就像是我们被困住的思维，因为一次的失败或者预想到可能的失败，就直接放弃了尝试与成长。

思维方式是指人们思考、理解和解决问题的方式，它受到多种因素的影响，包括教育、经验、文化背景等。不同的思维方式可能导致人们在面对相同问题时产生不同的观点和解决方案。思维受限就会造成诸多问题，比如注意力不集中，难以真正地决断，给自己贴上负面标签等。但事实上，我们只需要突破思维的"桎梏"，就有机会拥有"柳暗花明又一村"的前程。

突破思维限制方面，我们要向西汉时期的大将军霍去病学习。

霍去病是汉朝著名将领，他出身经历比较传奇。他出身于富裕家庭，他的姨妈是汉武帝的皇后，他的舅舅是宝刀未老的卫青。霍去病十八岁的时候，汉武帝交给他八百骑兵任由他指挥、操练。后来发生的几次与匈奴的大战，汉武帝刘彻都让霍去病跟随。在这样的成长环境中，霍去病拥有不一样的战略思想也是有据可依的。

公元前 123 年，霍去病跟随舅舅卫青正式走向战场，但他并不满足于单纯地跟随舅舅的身影，他想实战。经过三次请缨，卫青终于同意让他带兵抓毛贼进行试炼。

但霍去病一出发就将舅舅的嘱托甩在一边，直接带着自己的八百骑兵深入匈奴腹地，斩杀匈奴两千余人，同时还将单于的叔父罗姑比及匈奴的相国等人俘虏。也因为这次的勇猛，汉武帝封之为冠军侯。

公元前 119 年，汉武帝再次派出霍去病、卫青进攻匈奴。从前文所述的匈奴战役中逃脱出来的匈奴大单于，通过拉拢之前投降汉军的匈奴小王赵信，获得了转战漠北的机会。

霍去病与卫青兵分两路，对剩余匈奴进行包抄。卫青遇到的是匈奴大单于伊稚斜，霍去病遇到的是匈奴左贤王。

如果按照传统的阵地战打法，对于熟悉周边环境的匈奴来说是有利的，但对于霍去病他们来说存在不小的困难。如果霍去病想要尽快摆脱这种对峙带来的消耗，只能改变战术打法。霍去病凭借自己的勇猛与智略，直接抛弃了阵地战的作战思想，而是选择了闪电战。

当时的环境对于汉军来说非常不利，但使用闪电战这种灵活的机动作战方式，可以获得意想不到的优势。

霍去病通过观察周围环境以及选择合适的时机，趁匈奴不注意的时候，派出自己的骑兵小队进行突袭。比如战场周围有很多的山岭、河流等天然的战争屏障，他就借用这些自然环境的优势，让骑兵对匈奴进行偷袭，避开了对地形不熟悉的不利因素。

因为这种灵活作战，霍去病直接深入匈奴内部，找到了匈奴王庭的真正所在地，将匈奴单于的母亲、妻子和重要朝廷官员直接俘获。

在这场不同寻常的硬战中，既有传统的阵地战影子，同时也衍生出了更适合对付匈奴的闪电战，这些都源于霍去病打开思维展现的作战方式，最终汉军获得了胜利，这就是史上有名的"霍去病千骑破匈奴王庭"的故事。

如果霍去病没有冲破战术思想的壁垒，而是使用以往的作战方式，他不一定能获得成功，甚至很有可能一代将领泯灭。

从霍去病的故事里面，我们看到了解放思想后的天地是多么辽阔，我们个人的力量可以无限大。

破局六：当我们的思维被"墙"困住时，如何破局？

霍去病凭借自己的勇谋，打破传统的作战方法，根据当时的情况，灵活战斗，最终大获全胜。

如果我们以各种借口和理由，拒绝打破思维的"墙"，终将只有遗憾和后悔。我们每个人的生活背景不同，我们真的无法做到突破吗？我们真的只能循规蹈矩地前行吗？

1968 年，哈佛大学的心理学教授罗森塔尔在一所学校进行了一项实验。他们先给所有学生进行智商测试，然后给了老师一份学生名单，并告诉老师这些学生的智商非常高，让老师相信这些学生在未来的学习中，成绩将会大幅提高。但事实上，这些所谓的"高智商"学生只是实验随机抽取的。

八个月之后，他们询问名单上的孩子的情况，发现这些孩子都有很明显的进步。

这就是皮格马利翁现象，也叫罗森塔尔效应。

它让本来普通的孩子实现了一次思维上的解放，也让我们看到，没有什么可以困住我们的思维。

当我们的思维被困住的时候，我们该如何做呢？

学习新知识，拓宽思路

思维被束缚的根本是思路太窄，就好像走入了一个死胡同。但如果拓宽思路就不一样了，它可以让我们拥有源源不断的想法。

我们可以通过读书，学习前人的经验，体会前人的智慧，并将这些知识进行自我内化，最终转化为我们的能量，拓宽眼界和思路。我们遇事多思考，不局限于得到一个答案，而是思考答案是怎么来的。我们应学习古人"每日三省吾身"，总结经验、展望未来。

向能人借力，找到新的解决方案

《红楼梦》中的薛宝钗曾说"好风凭借力，送我上青云"，说的是凭借东风的力量，就可以把我送上蓝天，隐喻着薛宝钗想要做人上人的远大志向。

其实，换成我们也是一样，如果想要获得一定的成绩，就不可拘泥于世俗，也不能为了追求所谓的清高而变得死板。想要做到这些自然少不了"借于物"。

这些力量可能源于你的个人技能和才能，你的人际关系网络，也可能是你在不经意间提供帮助而产生的互惠关系，或是你个人的品质和人格魅力。

当然，借力之前一定要先打磨好自己，提升自己的个人素质。你若盛开，蝴蝶自来。借力也会水到渠成。

尝试去做以前想做但不敢做的事

解放自己的思维，一定要勇敢，要敢于踏出封锁住思维的房间。

分析一下自己不敢做的真正原因，并找到破局的办法。同时做好事前的准备工作，比如学习技能，那就做一个时间规划，如何利用业余时间。如果事情过于繁杂，可以选择分解目标，从一件件的小事情开始，逐个完成。特别重要的就是，当做到了某件事，一定要给予自我鼓励，为下一次尝试增加信心。

总结

人的潜能就蕴藏在思维中。如果作茧自缚，则只能走向平庸；但如果放开思维，你得到的绝对不止海阔天空。你的极限由你自己决定，你的力量超越你的想象。我们只要打开思维的大门，释放它的能量，最终收获的必然是满树的果实。

贰 困扰你的问题，
到底是谁的问题？

在人生的旅途中，困难和挑战总是如影随形。我们可能被社会压力、复杂的人际关系、繁忙的工作等问题所困扰，感到身心疲惫，无论做什么都感到无力，陷入问题的漩涡中无法自救。

当风雨来袭之时，只有那些始终保持冷静的人，才有可能突破困境，走出人生的泥沼。

无论我们是贫穷还是富有，是高贵还是平凡，都会在某个时刻遭遇挫折，遇到令自己无法摆脱的困扰。

项羽，可以称得上是中国历史上最强的武将之一，被人赞誉道："羽之神勇，千古无二。"如此英勇善战的猛将，最后却被逼得走投无路，在乌江边自刎，留下了千古遗憾。

他挥刀自刎前仰天长叹，悲痛地说："此天之亡我也，非战之罪也。"他认为失败是老天的意思，至死都未能认识到自己失败的真正原因。

如果深入分析项羽的人生轨迹，我们会发现，他的失败并非只是因为"天要亡我"，而是他自己的原因。

项羽在反秦战役中展现出了非凡的军事才能。他在巨鹿之战中，沉着冷静，下令将船凿沉，将锅打碎，切断了所有的后路，使得将士们拼尽全力冲向了敌军，继而大获全胜。

之后，项羽威名远播，投靠他的人也越来越多。秦朝灭亡后，项羽模仿周朝实行分封制。但大家对他的分封并不满意，尤其是刘邦。刘邦虽出身卑微，但善于用人，身边有几位能人给他出谋划策，让他养精蓄锐，伺机而动。

而项羽却好大喜功，刚愎自用，喜爱独断专行，听不进别人的劝谏。他攻入咸阳之后，放火烧了秦国宫殿，还抢夺了许多奇珍异宝，便想撤回自己的家乡。

旁人劝他说："关中这个地方非常适合建为国都，因为这里地势险要，土地肥沃。"

项羽回答说："富贵不回乡，不就像夜间穿着华丽的衣服一样，别人怎么知道你取得成功了呢？"一句话便暴露了项羽的格局。

劝他的人低声嘟囔了一句："人言楚人沐猴而冠耳,果然。"

项羽听后大怒,竟将此人给煮了,可见其心胸狭隘、盲目自信且固执己见,故而将自己一步步逼入人生的绝境之中。

项羽这样的思维方式并不少见,这是让人陷入困扰的原因之一。

而另一种情况则与项羽之例相反。

有些人在遇到问题时总是先责备自己,把所有的责任都揽在自己身上,让自己背负沉重的包袱。

如今许多优秀的职场人便是如此,他们平时非常努力,做任何工作都尽心尽责,永远小心翼翼,生怕出错。一旦出现问题,就只会从自己身上找原因,主动承担全部责任。尽管这样是一种负责任的表现,但背负过多不属于自己的责任会使自己身心疲惫,陷入困扰无法自拔。

正确的做法应是明确责任,既不推卸责任,也不盲目包揽责任。这样就能够看清楚问题的方向,不被困扰所迷惑。

破局七:责任不明、界限不清,因此而备感焦虑时,如何破局?

有这么一个故事:"时有风吹幡动。一僧曰风动,一僧曰幡动。议论不已。惠能进曰:'非风动,非幡动,仁者心动。'"说的是有两位僧人争论,当风吹幡动时,到底是风在动还是幡在动?一旁的惠能答道："都不是，是心在动。"

每个人都有一颗不安定的心，它如同时常被风吹动的湖水，只要有风吹过，便会荡起涟漪。

我们对自己充满期待，对未知充满恐惧，对改变极为抵触；我们渴望得到他人的认同，却又害怕真实的自己被误解；我们追求名利，在得到名利之后，却又感到十分空虚。

这些来自外界的干扰，如同心灵上的枷锁，使我们无法获得自由。我们努力适应这个世界，努力寻求他人的认可，在这个过程中慢慢迷失自我。因为这些来自外界的噪声，已经掩盖住了我们内心的声音。

在希腊圣城德尔斐神殿之上镌刻着一句箴言："认识你自己！"只有不断深入探索人性本质，理解"自我"的复杂性，才能清晰地看到自己的优缺点，才能找出困扰自己的"真凶"到底是什么。

当看清了自己之后，就能够以更加自信的姿态，面对问题，而后才能更好地明确责任划分，并寻找到精确且合适的解决方案。

如何才能够保持内心的平静，看清问题的核心，摆脱困扰呢？

我们不仅要审视自己的行为和决策，更要深入剖析其背后的原因和逻辑，认真分析自己的优点和不足。

正如老子所言："知人者智，自知者明。"只有真正认清自己，我们才能找到更适合自己的改进之道。然而，任何工作都不是一个人的事情，而是团队协作和共同努力的结果。每个人的角色和责任都是不同的，因此我们首先需要了解并接受自己的责任。这不仅包括自己的行为和决策带来的后果，也包括对他人的影响。

出身卑微的刘邦之所以能够打败项羽，并非仅仅依靠自己的优秀，而是能够将所有人的力量发挥到极致。

直面问题，正确划分责任

在团队中，每个人扮演着不同的角色，就像是组成一幅画的每一笔。虽然每个人的工作看似是独立的，但实际上每个人都与团队中的其他人相互依赖。只有那些勇于承担自己责任的人，才能在团队中形成凝聚力，也能令自己保持积极进取的状态。

但同时也要明白，勇于承担责任是为了使自己始终能够积极地看待问题以及正面解决问题。

不是自己的问题就不要内耗

认识到自己的能力是有限的也至关重要，我们可以通过与自己对话或自我觉察等方法，看清自己内心的恐惧、欲望和期待，从而更好地应对它们。

在团队协作中，每个人都有自己的责任和义务。这意味着每个人都需要对自己的工作负责，并尽力为团队做出贡献。

当出现问题时，要勇敢地承担自己应负的责任，但这并不意味着我们要包揽所有的责任，明确问题、明确责任，团队成员共同面对，才能找出最合理的解决方案。

总结

人生的困扰，来源于自己内心看待事物的态度。要想摆脱困扰，关键在于直面自己的内心，正确划分责任，既不推卸责任也不包揽责任。每个人都不是一座孤岛，遇到问题时，保持积极的心态，不仅要看到自己的不足，也要主动出击，多与他人交流，汲取更多的经验和智慧，从而迅速找到解决问题的方法。

叁

发现真正的问题，才能找出真正的答案

在人生旅途中，我们时常面临复杂的问题和挑战，如在迷雾中前行，尽管付出巨大努力，却无法找到解决之道。此时，我们可能陷入了思维误区。

我们常常受限于思维定式，仅从自己的经验和认知看待问题。但当问题超出经验范围时，我们便无从下手。此时，我们需要重新审视自己的思维方式，尝试从不同角度思考问题，以找到真正解决问题的方式方法。

此外，我们还可能因追求短期效益而忽视问题的本质。例如，在工作中，我们可能为了完成产量任务而忽略客户的实际需求。这

样虽然我们能在短期内提高产量,但长期来看,可能导致产能过剩或质量下降。因此,我们需要注重问题的本质和长远效益,从可持续发展的角度解决问题。

面对问题和挑战时,我们应该保持开放的心态和积极的态度。有时,情绪可能会影响我们对问题的判断和对解决方法的选择。因此,我们需要保持冷静和理性,不被情绪左右,以便更好地解决问题。

当然,想要解决问题,找出问题的真正症结才是最关键的。因为如果没有准确地识别问题的核心,那么无论付出再多努力,都很难找到有效的解决方案。这就像詹天佑在修建京张铁路时所面临的挑战一样。

詹天佑,一个在中国铁路工程史上熠熠生辉的名字。他是中国首位铁路总工程师,主持修建了京张铁路等重要工程,被誉为"中国铁路工程的先驱"。

在修建京张铁路的过程中,詹天佑面临着重重困难。当时中国的铁路建设技术相对落后,并且人才匮乏,而外国人则掌控着这一领域的技术和知识。然而,詹天佑并没有被这些困难吓倒。他坚信,只要通过自己的努力和深入调查,就能找到问题的本质和解决方法。

为了成功修建京张铁路,詹天佑进行了大量的深入调查和研究。他详细研究了中国的地理、气候和人文环境,了解了铁路线路途经之地的地形、地貌和自然环境。他结合实际情况,制定了可行的修建方案，并提出了人字形铁路设计理念。这种设计理念将铁路线路的坡度控制在合理范围内，解决了山区铁路建设的难题。

除了进行深入的调查和研究，詹天佑还非常注重实地考察和数据收集。他经常到工地现场进行实地考察，了解施工情况，收集数据。通过对数据的分析，他准确地找到了问题的症结所在，并采取了有效的解决方法。这种以数据为导向的思维方式，是他在铁路建设中能取得成功的一个关键因素。

詹天佑的成功不仅体现在他的技术和工程能力上，更体现在他的毅力和决心上。面对困难和挑战时，他从不轻易放弃，而是始终坚持自己的信念和追求。在京张铁路建设过程中，他曾多次在工地现场亲自指挥施工，解决各种难题。他的努力最终得到了回报，京张铁路成功建成通车，实现了中国自主修建铁路的伟大梦想。

破局八：当我们无法发现真正的问题时，应该如何破局？

现实生活中，大多数人并没有一双能快速找出问题根源的慧眼，但我们仍有解决问题的需求，更想要扭转劣势，摆脱被动局面。

那么，我们就不能只依赖原有的经验分析处理问题。这个时候我们就需要培养系统思维，解放自己的主观能动性。系统思维就是看到问题的全局，把复杂的问题整合为简单的问题。

曾经有一家公司遇到了严重的问题。公司的销售额不断下降，成本却在不断攀升，这使得公司的经营状况日益恶化。这家公司的老板意识到，公司的问题不仅仅是简单的财务问题，而是涉及销售、生产、采购等各个方面。

于是，他开始运用系统思维和数据思维来分析问题。他仔细研究了公司的业务状况，发现销售团队缺乏有效的客户管理，导致客户流失率很高；同时，公司的生产流程也存在很多浪费，导致成本居高不下。针对这些问题，这位企业家制定了一系列改进措施。他加强了销售团队的客户管理能力，提高了客户满意度；同时，他对生产流程进行了优化，减少了浪费，降低了成本。这些措施的实施，使得公司的经营状况得到了显著改善。

那么，怎样才能培养系统思维和数据思维，帮我们发现并解决真正的问题呢？

用系统思维掌握问题的全貌

系统思维是一种全面思考问题的方法，它强调从整体上理解和处理问题，而不是仅仅关注局部或单个因素。它可以帮助我们将问题的各个方面和环节联系起来，掌握问题的全貌。

在掌握问题的全貌后，需要制定一个综合的解决方案，这个方案应该考虑各方面的利益和影响，同时要具有可操作性和可持续性。只有这样，才能真正找到问题的根源，并采取有效的解决措施。

在工作中，我们可能会遇到项目延期的情况。这时，我们就可以用系统思维来分析项目的各个方面和环节，找出导致延期的真正原因。

用数据思维分析现象背后的规律

数据思维是一种基于对数据的分析、挖掘和理解的思维方式，它强调通过收集、整理、分析和解释数据来揭示现象背后的规律和趋势。它可以帮助我们从数据中获取有价值的信息和趋势。

如果要分析某个城市的交通拥堵现象背后的规律，可以通过收集该城市的交通流量、路况、天气等数据，进行整理后，利用数据建模进行分析。这样就很可能会发现交通拥堵与天气、路况、交通流量等因素有关，进而提出相应的解决方案，如优化交通路线、提高公共交通使用率等。

要想使用数据思维分析现象背后的规律，需要先收集和整理数据，进行数据探索和建立模型，然后验证模型并解释结果，最后将分析结果应用于实际问题中。

用行动来验证你的猜想

当你有一个猜想或假设，验证它是否有效的一个方法是采取实际行动。你可以通过实际行动观察和收集数据，以支持或否定你的猜想。只有通过实践验证，我们才能确定自己的猜想是否正确。如果猜想不正确，我们需要重新发现问题；如果正确，我们就可以采取有效的方法来解决这个问题。

如果你的猜想是吃某种食物可以改善人们的认知能力。就可以设计一个实验，选取两组人群，一组每天吃这种食物，另一组不吃。按照计划进行实验并记录数据，经过一段时间的实验后，对两组人群进行认知能力测试，最终得出相应的结论。通过实际行动和数据收集、分析，你就可以验证你的猜想。

检查忽略的细节，重新发现问题所在

当我们发现自己的想法与实际不符时，先要对自己的想法进行深入反思，检查自己是否忽略了一些细节或者没有考虑到某些实际情况。回顾自己的想法和计划，认真检查每一个细节，找出其中的漏洞和不足。可以列出自己的想法和计划，然后逐一审查，查找可能存在的问题。如果验证后的结果不理想，可以进行反思和修正，直到找到最合适的解决方案。

总结

一个人最大的优势，就是系统思维。我们常常把自己完全置于问题解决者的地位，任由问题牵着鼻子走，一味地被动分析。而懂得系

统思维的人，则会积极扮演"策略制定者"的角色，主动构建解决问题的系统，让问题跟着自己的策略走。如此一来，就能把解决问题的主动权紧紧握在手里，实现原先无法完成的目标了。

肆 换个角度看问题，重新定义身边的人、事、物

　　人生之路不会一帆风顺，人总要不时地面对各种压力和挑战，这时候我们往往就会感到力不从心，仿佛被困在一个难以逃脱的漩涡之中，根本动弹不得。这种感觉会让人灰心失望，甚至失去前行的勇气。不过，请相信，实际上你并不是真的无力挣脱这种困境，而只是此时此刻还没有找到适合自己的方法，或者还没有意识到自己内心的力量，从而不能看到事情积极的一面。

　　这时候千万不要被困难吓住而轻易放弃，因为只要我们能够换个角度看问题，开始用新的视角去理解问题，重新定义身边的人和事，你很可能就会发现：原来事情根本没有想象的那么糟糕，从不同的

角度去看就会有不同的理解和收获，甚至还会带给你惊喜。

这里有一个很有趣的故事，恰恰说明了这一点。

我国有一位颇负盛名的国画家叫俞仲林，他画的牡丹堪称一绝。有位商人慕名而来，买下了一幅牡丹图，回家后满心欢喜地将画挂在客厅，还专门邀请亲朋好友来观赏。大家看了这幅牡丹图纷纷赞不绝口。可就在这时，商人的一位朋友却大惊失色地指着这幅牡丹图说："这幅画不吉利，快把它摘下来！"

原来，这位朋友发现画中有朵牡丹缺了个边，并未画全。明明牡丹寓意富贵，那缺了一边岂不意味着"富贵不全"吗？这位富商一听顿时慌了神，他觉得朋友的话确实在理。本来买这幅牡丹图就是图个富贵吉祥，现在却成了"富贵不全"，这让富商心里着实难以接受。于是，他将那幅牡丹图送回去，想请俞仲林再重新画一幅。

俞仲林听了商人的话后灵机一动，告诉他说："既然牡丹寓意着富贵，那么缺了一边，不就恰恰代表'富贵无边'吗？"听了俞仲林的话，这位富商一想："对呀，还确实是这么回事。"于是，他又兴高采烈地捧着那幅画回去了。画还是那幅画，只是因为看画人的心态不同，看问题的角度变了，就有了不同的解读。

所以说，当我们遇到困扰时，不妨也像画家俞仲林一样换个角度看问题，这样就能减少痛苦烦恼，增加欢乐安宁。就像故事中的这幅牡丹图一样，如果我们因为牡丹缺了一个边，就认为这寓意是"富贵不全"，那就只能一直耿耿于怀，自寻烦恼；而如果能够换个角度去想，认为这代表着"富贵无边"，那就能够顺利地化解心中的不悦。

这种换个角度思考问题，重新定义自己身边的人和事的方法，就是这么神奇和有趣。它能够让我们变烦恼为快乐，化压力为动力，让我们在同一件事情上看到不同的可能性，发现更多的机会和美好之处。

俗话说，人生不如意事十之八九。在面对不如意和困境的时候，我们就应该学会这种积极思考问题的方法，这样才能发现新的可能性和机会，从而更好地解决问题。生活中可以这样解决问题的场景比比皆是，咱们随便列举几个场景，你仔细品味一下，一定能发现这种思考方式的奇妙之处。

寒风凛冽的周末早晨，当别人都在温暖的被窝中尽享酣梦的时候，你却要一个人赶公交车去加班。看着偌大的公交车上只有自己这一个乘客，你不禁悲从中来，感觉自己怎么那么倒霉，大周末还被抓去干活。不过，倘若你换个角度去想："这么大的公交车就我一个人，这岂不就是我的豪华专车吗？空间宽敞、座位任选，并且还自带司机。"这样一想，你心里的阴霾是不是就一扫而光了呢？

当你帮助了别人而人家并不领情的时候，你肯定会很失落，也很生气。但是，如果这时候你把助人为乐看作是在为自己积攒福报，要是对方能懂得感恩，那他也能得到一份福报；要是他不感恩，那他应得的那份福报也会加到你身上，也就是说你可以获得两份福报。这样一想，你是不是感觉只要自己真心帮助别人了，他感不感恩都同样有意义了呢？

当你作为父母，抱怨孩子叛逆时，如果你能告诉自己：我的孩子虽然有点叛逆，偶尔会乱发脾气，但他不会把情绪积攒在心里导致患上抑郁症，这时候你会不会瞬间觉得孩子有点叛逆也不是坏事了呢？

在遇到困难和挑战时，如果我们只从自己的角度去看待问题，就很难找到解决问题的方法，好像"山重水复疑无路"；而如果能换个角度看待问题，就会发现"柳暗花明又一村"，就能轻松解决问题。

总之，换个角度看问题，重新定义身边的人和事，可以让我们拥有更加积极的心态和更强大的行动能力。当我们面对困难和挑战时，不要轻易放弃，要尝试从不同的角度去看待问题，找到解决问题的方法。

破局九：当我们被身边的人和事困扰时，如何破局？

然而，想真正拥有这种重新定义事物的能力并不容易，这需要我们超越事实和感受的束缚，摆脱常规的思考方式。当然，如果我们能具备勇于挑战的精神，不断地探索和发现新的可能性，我们也能很快拥有这种能力。

那么，到底如何做，我们才能做到这一点呢？

换个角度看待身边的人和事

我们周围形形色色的人和事，都在无时无刻地以各种方式影响着我们。如果我们只从自己的角度去看待他们，很可能会产生偏见和误解。但是，如果我们尝试从他们的角度去看待问题，可能就会发现新的信息和观点。这种新的认知方式，可以帮助我们更好地理解他人的行为和决策，减少误解和冲突，并找到更好的合作方式。

比如，面对工作风格与你截然不同的同事，如果你只从自己的角度去看待他，就会认为他的工作方式是不正确的。但是，如果尝试从他的角度看待问题，你就会发现其实他的工作方式也有其合理性和优势，也有值得你借鉴的地方。

分析他们对你的积极影响

我们应该看到，身边的人和事在某种意义上都能给我们带来积极影响。所以，与人的交流合作，以及对事的细致分析，都可以帮助我们自己拓宽视野和认知，提高能力和素质。

比如，你的同事可以教你新的工作方法，帮你高效完成任务。

你的朋友可以给你提供不同的观点和经验，让你更好地了解自己和世界。你遇到的每一件事，都是能让你能力成长、心智成熟的一次机会。这些积极的影响都可以让你不断进步和发展，继而成为更好的自己。

重新评估他们对你的消极影响

凡事都有两面性，在看到身边的人和事对我们产生积极影响的同时，也不能忽略了他们带来的消极影响。我们可以通过重新评估这些消极影响，并经过深入分析和思考后，再找到更好的应对方式，以减少他们的危害程度。

比如，当你的领导对你要求很高，给你带来很大压力时，你就可以尝试从他的角度去看待问题，理解他的动机和意图，把高要求看作是对你的器重和督促，而不是故意针对你。这样就能更好地理解他的行为，也能减轻自己的心理压力。当面对一些不愉快的事情时，你也可以将其看作是一次经验的积累和人生的历练，把一切都当作最好的安排，这样你就能成长得更快。

重新定义困扰你的事物，以更加积极的姿态共存

当我们学会了客观地看待周围的人和事的时候，就可以重新界定他们在我们生活中的作用了。也许我们不能改变他们，但是我们可以尝试以更加积极的姿态与他们共存，与他们建立良好的关系，积极开展合作，实现共同发展进步。

比如，你可以尝试与同事建立良好的合作关系，共同完成工作任务。你也可以与朋友建立真诚的友谊关系，共同成长和发展。你还可以把困难当挑战，去积极应对。这种积极的姿态，可以帮助你更好地战胜困难挑战，让人生之路更顺畅。

总结：

与其被动地忍受身边的人和事的影响，不如主动出击掌控局面，让自己超越主观感受和表面事实的限制，重新定义身边的人和事，这样就能发现更多的可能性和合作机会，更好地应对生活中的挑战，并实现自我改变和成长，以及与他人的合作共赢。

要想改变世界，先要改变自己。

伍 如果答案不在系统内，就跳到系统外

生活中，我们经常会遇到一些看似无解的难题，尽管有两个答案可选，却发现是个两难的抉择，陷入无解的局。这个时候，我们应该思考，也许答案并不在系统中，而是在系统外。

早在几十年前，哲学界就提出过一个著名的试验：电车难题。

1967 年，哲学家菲利帕·福特在《堕胎问题和教条双重影响》中提出，假如在一个电车轨道上绑了五个人，另一条备用轨道上绑了一个人，这时，一辆已经失控的电车正风驰电掣般地驶来。

此刻，作为操控者，你的手边有一个摇杆，如果你什么也不做，失控的电车就会驶向常用轨道，那五个人就会在瞬间变成肉泥；但

你若是推动摇杆，让电车转入备用轨道，那常用轨道的五个人就没有生命危险，但备用轨道上的一个人却会因此而丧生。

时间很紧急，你必须在最短的时间内做出决定：杀一个，救五个，还是杀五个，救一个，在五个生命与一个生命之间，我们该如何抉择呢？

虽然电车难题是一个实验，但在生活中，我们经常遇到"电车难题"。

· 在敌强我弱的战斗中，战友被困其中，我们该不该救呢？

· 在呼吸机紧张的情况下，是先救老年人，还是先救孩子？

· 多年的朋友跟你借钱，但你的经济状况也很窘迫，是借，还是不借呢？

很多时候，我们都像那个摇杆的操控者一样，被动地陷入二选一的困局中。可是，在这两个选项的背后，或许还有我们没有看到的因素。

正如乔布斯说："很多两难的问题，其实只是被小系统困住了，在大系统中并不是问题。"

不光我们普通人经常被困在"二选一"中不知所措，就连各家高手，也难逃此运。

围棋中，有个著名的棋谱叫"一子解双征"，说的就是这个道理。

唐宣宗年间，日本围棋高手高岳亲王来到长安，听闻当时唐朝围棋大师顾师言棋技高超，便要与顾师言一决高下。

对顾师言而言，这次对弈，只能赢，不能输，可高岳亲王的棋技也十分精湛，顾师言虽身经百战，但面对高岳亲王仍小心翼翼。

双方战到三十二手时，顾师言有点坐不住了。他的几颗棋子连续被对方冲断，使它们形成了几个孤子，很可能被对方分别征吃。

这时，顾师言面临着双重挑战，既要想办法化解自己的困境，还得制造机会痛击对方弱点。常规的招数肯定不行，必须出奇制胜。

顾师言放慢速度，思忖再三，目光落在了高岳亲王给他设局之外的地方，落下了一手流传千古的"一子解双征"，不仅解除了自家的被困之忧，还让对方陷入困境中。

"一子解双征"是一种非常高超的战术技巧，它的核心思想就是当我们被困在系统中，面临两难的选择时，不妨跳出现在的系统，深入分析问题本质和全局局势，从外围找到破局之法。

正如《鬼谷子》所言，能因敌变化而取者，谓之神。意思就是说，在战争中，我们要根据敌人的变化采取相应的对策。敌方给我们设置"二选一"的障碍，从系统内找不到出路时，可以尝试跳到系统外，站在全局的角度，寻找新的解决方案。

明太祖朱元璋就是这样一个能因敌方变化而变从而取胜的战神。

1363 年，已经在江州（今江西九江）称王的陈友谅想进一步扩大自己的政权，他把眼光转向了朱元璋的领地。

陈友谅打算围攻南昌城，迫使朱元璋回去增援，然后他埋伏在途中进行伏击，一举击溃朱元璋。为此，他集结了六十万大军，兵分两路，一路从江州出发，一路从采石出发，共同逼近南昌城。

在陈友谅的计划里，朱元璋要么在南昌城外，要么在全力进攻南昌城时与自己决一死战。但朱元璋没有六十万大军，怎么选都是必败。

可是，陈友谅还是低估了朱元璋。在朱元璋得知陈友谅的计划后，仰天长笑——这简直就是上天给他送来的大礼，他一定要亲手接下。

朱元璋经过全盘考量，发现陈友谅的军队虽然人数众多，但素质参差不齐，简直就是乌合之众。而陈友谅自己的指挥能力跟自己比也差远了。于是，朱元璋决定兵分两路，然后让陈友谅无路可走。

决战开始后，朱元璋率领军队主动出击，与陈友谅的军队展开激战。在战斗中，朱元璋巧妙地利用地形和兵力优势，将陈友谅的军队分割成几部分，并逐步缩小包围圈。陈友谅见势头不妙，赶紧下令退兵。

与此同时，朱元璋提前在江州布局好的奇袭部队也收获颇丰，他们在城内制造混乱，成功地烧毁了陈友谅的粮仓，这一操作直接断了陈友谅的后路。

听到自家粮仓被烧，陈友谅退兵的速度也加快。可朱元璋怎么肯平白放过这个机会呢？他派出精锐部队在鄱阳湖伏击陈友谅，陈友谅船翻人亡，他刚建立的大汉国也随之而亡。

在这场战役中，陈友谅觉得朱元璋一定会陷入这个"二选一"的思维陷阱里，可他没想到，朱元璋的视角则更加开阔，他在更大的战略系统中，找到了陈友谅的弱点，那就是陈友谅的防守和进攻都有局限性，而自己则可以利用"地利"和"人和"的优势，打破这种局限性，从而把陈友谅逼进死局。

破局十：当我们面对两难选择时，该如何破局？

这个世界本身就是复杂多变的，许多看似只有"二选一"答案的问题背后，还有许多值得我们探究的问题，我们只有跳出现有的思维框架，从更多角度思考问题，认真权衡各种因素，寻找新的可能性，才能制定出最优方案。

提前做好风险防控，避免两难选择

"电车难题"其实是给我们设立了个道德困境，无论怎么选，都是不道德。但如果我们跳出道德这个枷锁，从另一个角度来看待"电车难题"，这个问题就不是问题了。

比如，我们可以预测电车难题，提前做好风险防控。也就是说，我们虽然不能改变电车的运行方式和轨道方向，但可以通过改变电车的行驶环境来解决这个问题。

例如，为了避免类似事件的发生，可以在轨道上安装一种装置，当电车失控时，能够自动将其引至第三条安全的轨道上。这样既不需要改变电车的行驶轨迹，也不需要手动干预电车的行驶。

遇事看看有没有其他选择

既然"二选一"的原有系统会困住我们，那我们干脆放弃现有的选择，重新收集信息，并从不同的角度探索新路径。同时，我们也可以创新思维模式，借鉴其他领域的新做法、新思路，帮我们创造出不同于常规的方案。

此外，我们还可以跳出原有的"二选一"系统，重新寻找与我们利益相关的合作者，通过第三方的介入，将原本的旧系统变成一个新系统，这样我们就能和新的利益相关者，实现互利共生的目标。

重新仔细评估这件事是否非做不可

放弃是一种选择，没有明智的放弃就没有新选择。

仔细评估当前的情况，包括面临的问题、可选的方案等，确定是否真的无法选择，必须另找出路。

评估事件的必要性：如果没有其他选项，我们是不是一定要现在做出选择？能不能延迟处理？看事件还有没有转机，或者干脆放弃。

评估后果和影响：如果我们做了选择，会给我们带来哪些潜在风险？这些风险，是不是我们可以承担的？

站在未来发展的角度来考虑眼前的选择

我们可以最大限度地收集与当前选择相关的数据和信息，这样可以更加深入地了解问题的本质。如果必须在"二选一"中做出选择，那么就仔细分析，哪一个选项与我们未来发展目标的契合度更高，能给我们的未来带来更多的发展空间和机会。

如果我们对未来发展不确定，或缺乏足够的经验和知识，也可以向专业人士请教，帮我们更好地在现在的选择中做出符合期望值的选择。

总结

现实生活中，虽然我们经常会面临或 A 或 B 两难选择，但不要忘了，这是一个瞬息万变、多元、复杂的世界，它是广阔的，充满了无限的机遇和可能性。当我们懂得在困局之外找出破局之法，明白如果答案不在系统内，就跳出系统外的道理，就能越出自己的边界，改变自己的视角，找到打开新世界的大门。

陆 扎实的行动是打破认识迷局的神兵利器

很多时候我们会陷入一种迷局，思考在此时尤为重要。"学而不思则罔"，意思是说只学习不思考，就会陷入困境。

思考不仅仅是用在学习上，生活、工作中同样也需要，因为思考才能创新，才能使科技越来越发达，才能破局。

思考极其重要，能帮助我们在各种复杂的现象里寻找规律、发现本质，形成对世界深刻的理解，思考还可以让我们不断创新，把各种思考的问题落到实处，变为现实。

但光有思考是不能把想象变为现实的，因为思考仅仅是存在于脑内的一种期望或愿景，要达到期望值，要实现思考的最终结果，就必须要在思考的同时付出实际行动。

"乐学善思，笃行致远"，这要求我们要注重思考和实践的统一，将知行结合起来。

单纯依靠思考的力量有时并不能打破这种迷局，还需要在思考的基础上付诸实践。"学而不思则罔"后面还有句"思而不学则殆"，意思是只思考不学习就会精神疲倦而无所得，也就是说单纯依靠思考的力量并不能打破认识迷局。我们需要在思考的基础上，把思考和行动结合起来，才能突破迷局。

确实如此，实践才是检验真理的唯一标准。只有通过实践，我们才能真正理解和掌握事物的本质和规律，才能证明决策的正确，证明自己的能力。

在明朝的历史上，兵部尚书于谦是一个注重实践的人，在他看来，计划和理论都是一种思路，但只有在实践中才能真正得到验证和完善。

在北京城的守卫战中，于谦就是依靠这种实践精神，指挥守军打败了数倍于守军的瓦剌军队。

北京保卫战是明朝历史上的重要战役之一。在于谦的领导下，明军成功地击退了瓦剌大军。

这场战役因瓦剌首领也先为骗取赏赐增加使团来明朝"朝贡"，但未得到满意的赏赐出兵攻打明朝首都北京而起。战事开始后，明英宗朱祁镇要学习朱棣御驾亲征，正统十四年（1449）八月，明军主力在土木堡遭遇惨败，明英宗被俘。

同时土木之变使明王朝遇到严重的危机，国君被俘，朝廷内部一片慌乱，临危之际，明英宗母亲孙太后命郕王朱祁钰监国，同时召集群臣商议决策。有一部分大臣主张还都南京，但时任兵部尚书的于谦坚决反对南迁，主张保卫京师为天下根本。他相信只有通过实践，才能真正了解情况，才能找到最合适的解决方案。

他面见孙太后，向孙太后分析利弊，最终争取到了孙太后的支持。随后于谦向明代宗朱祁钰推荐人才，安稳内部，再编练新军，加强战备，积极备战。

破局十一：当我们陷入迷雾无法看清前方的时候，如何破局？

也先于十月率大军进犯北京，于谦下令所有军队出城门，每一个城门都有自己的统领，严阵以待。同时命令锦衣卫负责城内的治安。于谦调集了所有的兵力，下令封死城门，并且规定一旦开战，将军不管士兵、士兵不管将军，都要被砍头。这个严厉的措施使得所有士兵和将军都必须在战场上全力以赴，没有任何退路。最终，在于谦的领导下，明朝成功地抵御了瓦剌的进攻，取得了北京保卫战的胜利。

这场战争在于谦坚定地相信自己的判断和实践经验下取得胜利，不仅挽救了明朝的命运，也为中国历史留下了重要的一页。

通过这次守卫战，于谦证明了"实践出真知，思路越干越清楚"的道理。只有在实践中，我们才能真正了解情况，才能找到最合适的解决方案。同时，也只有通过实践，我们才能不断提高自己的能力和水平，不断完善自己的思路和计划。

所以我们应该用实践证明自己的判断，积累实践经验。在面对困难和挑战时，坚定地相信自己的能力，勇敢地迎接挑战，通过不断地实践和探索，真正地掌握知识和技能，不断地提高自己的认知水平，实现自己的目标。

要打破认识迷局，不仅需要突破思想的桎梏，更重要的是要展开扎实的行动。行动是打破认识迷局的神兵利器。

那要采取什么样的实际行动才能破局呢？

改掉追求万无一失的思维定式

我们很多人觉得自己的想法或者决定不够完美，能力不强大，没有有利条件，不敢贸然去尝试，不敢放手去做事。殊不知，正是这种追求万无一失的思维定式让自己畏首畏尾，总是不能取得成功。

想要做到万无一失固然是好的，但没有什么事能百分百按想象的发展，没有什么人能做到万无一失。神算子诸葛亮还有失算的时候呢，何况我们普通人。

"成事在人，谋事在天"，不管结果如何，先改掉追求万无一失的想法，把想法变为行动，你会发现事情并不像你想的那么难。

在行动中保持足够的思维弹性

把想法变为现实，不是说就按照最开始的思路一成不变，因为所有的想法并不是完美无缺的。

事物都是在不断变化的，所以在行动的过程中，要随机应变，要保持足够的思维弹性，任何想法都是在行动中不断完善的。

行动是检验想法是否正确、是否完美的唯一方法，当发现哪里需要补充，哪一步需要完善，就立即去调整，在不断完善的过程中去丰富思想，这样更有利于成功。

勇于踏出第一步

其实我们做一件事之前，总是想要把各方面想明白才肯踏出第一步去干，所以很多时候想要做的那件事一直处于思考阶段。

很少有人能把事情的方方面面都想得清清楚楚，如果遇到想不明白的，先付出行动，干起来再说。当你迈出第一步，就能知道这一步的想法是不是正确的。如果一直处于思考阶段。那么永远不知道对错。如果你不知道这一步是对是错，那么可能永远都想不明白这件事。

事物都有自己的发展规律，只要开始做了，且在做的过程中你能发现想法的对错，并积累相应的行动经验，那些想不明白的就会在一定时候豁然开朗。

学会总结反思，及时刷新自己的知识库

当你把想法付诸行动后，必然会出现与之相对应的结果。如果这个结果跟你的初衷相违背，那么就需要停下来总结反思，到底是哪一步出现了问题，需要怎么去改变、弥补。

每个人都会有自己固有的思想和知识面，当发现问题，而又可能涉及自己不擅长的领域时，就要多学习，多向有相关经验的人请教，及时刷新自己的知识库，把在行动中证明错误的观念及时转变过来。

只有不停地总结反思，不断刷新知识库，才能转变错误观念，让结果与初衷保持一致。

"思想上的巨人，行动上的矮子"就是形容一个人永远都处于想的阶段，从来不去行动，不把思想变为现实。这样的人很难得到成功。

我们的一生都需要不断行动。因为行动，我们学会了走路；因为行动，我们积累了经验；因为行动，我们不断成为更好的自己。

如果只思考不行动，那么思想永远只是空想。只有通过实际行动，

我们才能真正解放思想、打破迷茫，才能真正成为思想巨人，实现自己的目标。

总结

想要打破认识迷局，必须行动起来，改掉"必须万无一失才能行动"的思维定式，在行动的过程中不断完善想法，面对想不明白的不要停步不前，先干起来，然后在行动中去验证对错，还要不断总结反思，发现与自己初衷相违背时，及时做出改变，及时弥补。这样一定能成功破局，取得想要的成功。

第三章

破职场局：
摆脱事业停滞不前的困境

壹

除了"躺平"和"内卷"，
还有第三条路吗？

如果用一个词形容大多数人的生活状态，那恐怕非"压力山大"莫属。面对这样的压力，每个人都在用自己的方式去应对，正如"八仙过海，各显神通"一样。

有些人只想生活安逸，不愿意为了追求理想和成功而拼命努力，于是索性"躺平"；还有些人就想不断寻求更高的成就、地位和更好的物质生活，所以只能在激烈的竞争中拼命忘我地工作，于是陷入了"内卷"的怪圈。

当然，剩下的大多数人都是想"躺平"却不甘心，想"卷"又"卷"不动，所以只能夹在中间终日"穷忙"不止。他们一边幻想着诗和远方，一边又被困于柴米油盐。也正所谓能力还撑不起梦想，那就只能靠"穷忙"来假装自己没有虚度时光。可结果却是越忙越穷，越穷越忙。

一句话，我们现在的生活常态就是：有些人想"躺平"，有些人要"内卷"，而多数人却夹在中间"穷忙"且焦虑。

要知道，当今社会已经从过去的增量竞争变成了存量竞争。也就是说，过去那种经济高速增长、机会遍地都是的形势已一去不返，取而代之的是市场竞争更加激烈，行业格局更加稳定，利润空间更加有限。企业之间、品牌之间、产品之间，甚至个人之间，都需要在有限的资源中争夺更大的市场份额。这种竞争不再是单纯地追求数量和速度，而是更加注重质量和创新。因此，在这个阶段，只有那些能够适应环境变化、找到适合自己发展道路的企业和个人，才能够在竞争中脱颖而出。

在这种情形下，并不是每个人都能无忧地"躺平"，也不是每个人都有能力"内卷"。对于大多数人来说，更重要的是要找到一个平衡点，做一个低能耗的奋斗者。也就是说，我们既要保持积极的心态去面对困难和挑战，又要寻找适合自己的生活方式和发展道路。只有这样，我们才能真正实现内心的宁静和幸福。

历史上有个"萧规曹随"的故事，就很好地说明了这一点。

西汉丞相萧何制定的规章制度，为大汉江山奠定了稳固的基础。萧何去世后由曹参接任相位。

新官上任三把火。正常情况下，每位新丞相一上任就会推出新政策，可是曹参完全遵循以前萧何制定的政策，没有丝毫改变。曹参挑选了一些不善言辞的忠厚长者作为官员后，他自己就终日喝酒，不理政务了。

汉惠帝对曹参的做法很不满，而曹参巧妙地向汉惠帝阐明了无为而治的思想。他说，既然前任丞相萧何制定的法令和政策能利国利民，那现在只需要遵守和执行即可。汉惠帝听了也感觉曹参言之有理。

曹参正是靠着这种无为而治的思想，使他在任时的朝政稳定，百姓安居乐业。当时民谣有云："萧何为法，讲若画一。曹参代之，守而勿失。载其清靖，民以宁壹。"这也足以说明西汉百姓对曹参的感激和称颂。

这个故事提醒我们，有时候保持现状、不轻易改变也是一种有效的领导方式。同时它也告诉我们：成功的道路并不只有一条，在不同的时代和环境中，每个人都可以选择不同的发展之路。比如，可以选择默默耕耘，平淡生活；也可以积极参与社会竞争，争取个人的地位和成就。

破局十二：在"躺平"与"内卷"中挣扎，难以平衡发展的 方向，如何破局？

所以说，面对目前竞争激烈的大环境，我们没必要非得盲目地追求有所成就，当然也不能只是消极退缩地选择"躺平"，而是应该根据自己的特点和条件，制定合理的发展计划。同时，我们也要注重平衡和可持续发展，避免过度消耗自己的精力和资源。

当然，说起来容易做起来难。那我们到底如何才能做到这一点呢？

不用牺牲健康的方式去奋斗

健康是生存的基石，也是我们享受生活和追求成功的关键。一旦失去了健康，再多的财富也无法弥补。可是，在追求事业的过程中，我们却常常为了金钱和成功而牺牲掉自己的健康。这种奋斗方式虽然可能会取得一时的成功，但最终却会因为失去根基而坍塌。因此，我们需要合理对待工作和休息，找到一个平衡点。

要保持身心健康，就要养成良好的生活习惯，比如合理饮食、适量运动、作息规律等。只有这样，我们才能在追求事业成功的同时，也享受到生活的美好。健康常在，才能事业长久。

没有资源的人不宜轻易随便跟风说"躺平"

"躺平"虽然看似洒脱自在，但对缺乏资源的人来说，它只是个遥不可及的幻想。

本身没有资源，就不要盲目跟风"躺平"，而是应该积极面对现实，努力提升自己，为实现理想和目标付出努力。同时不要忘记每个人都有自己的优势和潜力，只要找到适合自己的方向，就能在竞争激烈的社会中脱颖而出。

总之，在这个充满竞争的世界里，越是天生缺乏资源，越要通过后天努力积极争取更多的机会和资源，从而实现自己的人生价值和理想抱负。

请用自己辛勤的汗水和最大的智慧去换取更好的生活，而不是沉浸在抱怨和放弃中。

战略上的懒惰会让你陷入"穷忙"

正所谓"方向不对，努力白费"。很多人尽管每天都忙到脚不沾地，像个被命运之鞭抽着不停旋转的陀螺一样，忙忙碌碌做完一件事又一件事，却始终无法获得成功。其根本原因就在于缺乏宏观上的整体战略思考和规划，所以到头来并没有取得什么辉煌的成就，自我能力也没有得到提升，而只是白白浪费了大量的宝贵时间和精力。其实说白了，这只不过是在用战术上的勤奋来掩盖战略上的懒惰罢了。

战略上的懒惰只会让人陷入"穷忙"的境地，而无法取得真正的成功。我们真正需要做的应该是先看清方向再上路，积极主动地思考和规划自己的未来。只有这样，我们才能在忙忙碌碌求生存的同时，实现自己的梦想和目标。

制定合理的目标，不跟别人较劲

德国哲学家莱布尼茨说过，世上没有两片完全相同的树叶。每个人都有自己独特的个性和优势，我们应该珍惜和发挥它，并找到适合自己的位置、方向，而不是盲目地跟别人攀比较劲。

每个人的起点和机遇都不同，比较根本没有意义。重要的是要明确自己的目标并为之努力奋斗，这才是实现个人价值的必经之路。如果只是盲目地跟从他人，就很容易失去自我，错失机会。

我们要学会了解自己的特点和优势，找到适合自己的发展道路，制定合理的目标和计划，并矢志不渝地为之努力。只有这样，我们才能真正获得成功和满足感。所以，请放下比较心理，专注实现自己的目标！

管理工作时间，提高工作效率，平衡工作和生活

我们常常为了事业日夜奋斗却忽视了生活的美好与平衡，然而这样就会导致无论事业多么成功，我们的人生都会留有缺憾。其实生活与工作并非零和游戏，而是可以相互促进的。

我们可以使用番茄钟和四象限法等时间管理术来提高工作效率，以使时间和资源得到合理分配。同时还要注重休息和放松以补充精力，保持身心健康，从而更好地应对工作中的挑战。在追求事业成功的同时，还要注意工作和生活的平衡。只有这样，我们才能够更好地发挥自己的潜能和价值，实现事业和生活的双赢。

总结

竞争越是激烈，我们越要全方位地了解和认识自己的特点和优势，然后在此基础上，找到适合自己发展的道路，制定适合自己的目标和计划，并持之以恒地去行动。同时，还要做好工作和生活的平衡。

实际上，生活本该一张一弛，动静结合。面对复杂多变的现实，请不要"躺平"，也不要"内卷"，更不要"穷忙"，而是要找好平衡后做个低能耗的奋斗者。

贰 找准个人品牌定位，成为一个发光体

在这个知识经济时代，一些人能够迅速崛起，成为职场中的佼佼者，而另一些人则感到自己无法跟上这个时代的步伐。如果你因此而羡慕嫉妒，却不知道该如何顺势而为，那么你需要认真思考自己的职业发展之路。

知识经济时代的到来是不可避免的趋势。随着科技的不断进步和知识的不断更新，人们对于知识和技能的需求也越来越高。职业发展的特点可以概括为"快速变化、个性化、多元化和跨界融合"。这意味着职业发展的道路充满了不确定性和挑战，但同时也提供了更多的机会和可能性。

在这个充满竞争的时代，要想脱颖而出，你需要找到自己的个人品牌定位。个人品牌定位是一种独特的身份和价值主张，能够让你在人群中脱颖而出，并吸引更多的机会和资源。要想找到自己的个人品牌定位，就需要认真思考自己的优势、兴趣和价值观。只有找到自己的独特之处，才能更好地展示自己的价值和能力。

历史上的刘备也正是靠着找到了自己独特的个人定位，才从一个卖草鞋的穷小子一举逆袭成登上皇位的人中龙凤。

汉朝末年，天下大乱，群雄并起，这时的刘备也想一展宏图。然而对于像他这样要靠卖草鞋糊口的穷小子来说，想要光复汉室重振天下，无异于痴人说梦。

尽管世事维艰，困境重重，却无法挡住刘备心中那熊熊燃烧的豪情壮志。当然，他也深深地明白，想要招兵买马完成大业，让别人信服自己，就必须有个能拿得出手的名号。

后来，刘备想到了一个好办法，那就是打响自己是中山靖王后代的名号，这也是"刘皇叔"这个称呼的由来。并且光有名号还不算，刘备还很注重形象包装。《三国志》有云："先主不甚乐读书，喜狗马、音乐、美衣服。"而"喜狗马、音乐、美衣服"，恰恰就是当时贵族子弟的标配。

靠着皇族后代的人设，刘备果然很快结交到不少权贵，打入了当时贵族的诸侯圈，与贵族公孙瓒称兄道弟，还在十五岁那年就跟公孙瓒一起到当时的大儒卢植门下求学。

有了这些权贵人脉的加持，再加上本身的聪明才智和卓越领导力，刘备又一向以仁义为本，以德服人，所以很快就赢得了人们的信任和尊重。就这样，刘备以"仁义"在诸侯圈中崭露头角，越来越多的人开始聚集在他的麾下。

最终，刘备凭借着自己的智慧和勇气，成功地做成了一方霸主，不仅统一了蜀地，还将自己的势力扩展到了中原地区。刘备也被后人尊称为"汉昭烈帝"，成为历史上一位杰出的君主。

刘备的故事告诉我们，一个人的出身和处境并不重要，重要的是要找到自己的优势所在，并借此打造好自己的个人定位，这将让你在成就事业的道路上如虎添翼、所向披靡。

在当今的知识经济时代中，我们每个人都可以从刘备的故事中汲取智慧和力量。你应该认真思考自己的优势和特长，找到适合自己的赛道。同时也要敏锐地捕捉市场变化中的机遇，勇于面对挑战。在实现自己的目标的过程中，更要坚定地信仰自己的信念和价值观，不断前行。

破局十三：在知识经济的洪流中慢人一步，如何破局？

看到一些人突然借着知识经济的时代浪潮崛起并不可怕，破局的关键不在于羡慕别人的成绩，而在于找到自己的定位，发挥自己的优势。当你找到了属于自己的位置，你就会发现，原来你也可以成为那个发光体，照亮自己的人生道路。究竟如何才能找准自己的定位呢？

分析自己的个人特质，清点自己的长处

你需要客观和诚实地审视自己，深入反思自己的性格、行为和价值观。你可以通过自我反思和自我评估来了解自己的职业倾向、技能和优势。在这个过程中，你可以问自己一些问题，比如："我最擅长的工作是什么？""我在哪些任务中表现最好？""我认为自己最大的优点是什么？"同时，也要保持开放的心态，接受他人的建议和反馈，这样能帮助你发现一些自己没有发现的长处。

根据自身特质找准个人定位，理清成事的底层逻辑

了解自己的特质和优势是至关重要的。你需要深入反思自己的性格、行为和价值观，以便更好地了解自己的职业优势，你可以通过自我反思和自我评估来发现自己的特质，同时也可以寻求他人的建议和反馈来全面地认识自己。

找准个人定位的前提是了解自身特质。你需要思考自己的职业目标、兴趣爱好和价值观，以便找到适合自己的职业领域和发展方向。你可以寻找与自己兴趣和技能相匹配的工作或职业领域，或者寻找能够帮助你实现个人使命和愿景的职业机会。

在找准个人定位后，你需要理清成事的底层逻辑。这意味着你需要了解自己在职场中的成功路径和关键因素，并制定相应的计划和策略来实现自己的职业目标。这包括了解自己的能力、人脉和竞争优势，同时也包括了解市场趋势、行业动态和个人成长需求。

通过练习巩固和提高自己的优势

经过以上两步，你已经了解了自己的特质和优势。接下来就是制定一个明确的练习计划，不断提高自己在优势领域的能力和水平。同时，也要善于在工作中发挥自己的优势，将其运用到实际工作中，为团队和公司创造价值，以便更好地巩固和提高自己的优势。通过实践，你能够更好地掌握技能并提高工作效率和质量。此外，还要保持谦虚和好学的态度，不断吸收新知识，提升自己的综合素质，弥补短板。

打造自己的"人设"

建立自己的"人设"需要你通过分析自己的特质和优势，找到自己的独特价值和专业领域，然后树立一个与个人价值观和专业能力相符的个人形象。个人形象不仅仅是指名字、职业称号、专业领域称号等，更是你的能力、风格和言行举止。为了维护好这个"人设"，你还需要不断提升自己的专业素养和知识技能，保持学习和进步的心态，使自己在所从事的领域中拥有更专业的能力。你可以通过参加培训课程、阅读专业书籍、参与行业会议等方式来实现。

总结

要想在知识经济时代的浪潮中崛起，你需要找准自己的个人品牌定位，成为一个发光体。这需要我们深入了解自己，明确职业目标，不断提升专业能力，掌握与人沟通的技巧，树立自信心。只有这样，我们才能在这个竞争激烈的社会中脱颖而出，实现自己的价值。

叁

职场九大优势，
你占了其中哪条？

在《每个人都有自己的职场优势》一书中提到了职场有九大优势，它们分别是：共情力、交往力、引领力、分析力、创新力、学习力、行动力、目标力和驱动力。

具备高度共情力的人能够充分理解他人的感受和需求，展现出高度的包容和同情心。在职场中，共情力可以帮助他们更好地与同事、客户和领导建立良好的关系，促进团队合作和提升客户满意度。

擅长交往的人能够轻松地与他人交流，清晰地表达自己的观点和需求，并且能够有效地倾听他人的意见和建议。这种能力有助于他们在职场中建立广泛的人脉关系，增强协调能力和领导能力。

具备引领力的人敢于做出决策，愿意承担责任和风险。他们具有强烈的自我意识和自信心，能够引导团队朝着目标前进，并且在困难面前保持镇定和果断。

具备分析力的人擅长逻辑思考和推理，能够快速理解和分析复杂的问题，并能够提供合理的解决方案。这种能力在职场中可以帮助他们更好地应对挑战和变化，提高工作效率和质量。

具备创新力的人能够突破常规思维和惯性模式，提出新颖、独特和有效的解决方案。他们在职场中具有很强的适应能力和创新能力，有助于推动业务发展和提升竞争力。

具备学习力的人善于从经验和实践中学习，不断探索和提升自己的知识和技能。这种能力可以帮助他们适应职场的变化和发展，提高个人竞争力和职业发展潜力。

具备行动力的人能够在短时间内做出决策并付诸实践，具有很强的执行力和反应能力。他们在职场中能够迅速应对各种突发情况，并且能够在行动中不断思考和调整，确保达成目标。

具备目标力的人具有明确的人生目标和信条，对自己的职业发展和人生规划有着清晰的认识和追求。他们能够坚定地向着目标前进，不轻易放弃和偏离方向。

具备驱动力的人一生都在追求、探索和行动中度过，具有强烈的自我驱动力和热情。他们在职场中能够持续发挥自己的潜力和能量，推动自己不断前进和发展。

可能有不少人认为自己并不具备这九大优势，在工作中毫无特长，成果寥寥。尤其是与同事们一比，更是觉得自己在知识、技能和经验方面都相形见绌。于是开始怀疑自己的能力和价值，甚至被下面的困境折磨到寝食难安。

· 每天努力工作，却难以取得令人满意的成果：项目进展缓慢，提案屡遭拒绝，表现始终无法获得领导的认可，不知如何扭转局面。

· 渴望学习和进步，却不知从何下手：尝试参加培训、阅读书籍、向他人请教，却收效甚微，不知道自己是否还有成长的可能。

· 很想给领导同事留下好印象，却发现自己对工作失去了热情，对同事和领导也产生了抵触情绪，工作效率严重下降，陷入恶性循环。

不过，哪怕你面临着上述种种困境，也不要轻易放弃。因为只要你能够冷静下来，好好分析一下自己的优势，并找到适合自己的解决办法，一切都会迎刃而解。说不定还会有一番意外的收获。

比如，历史上的新朝皇帝王莽正是靠着发掘到了自己的优势，才能从最初旁支落寞贵族子弟，一步步逆袭成皇帝，开创了一个新的朝代。

西汉末年，由于王莽的姑姑是当时的孝元皇后王政君，所以他的家族也成了权倾朝野的外戚家族。那时尚未成年的王莽，由于父兄相继去世，被迫与叔父们生活在一起。这种寄人篱下的生活让王莽受尽冷落，就连皇后姑姑封赏家族中的堂兄弟时，也独独落下了他。然而，王莽并没有就此自暴自弃，而是更加努力地勤奋学习知识和礼仪。

当时他的族人都生活奢侈，互相攀比，而王莽却独守清净，生活简朴，勤奋好学，行事严谨，谦恭有礼。他不仅对内尽心服侍母亲和寡嫂，周到侍奉叔伯等长辈，全力抚育兄长的遗子，并且对外广交贤士，为人和善。王莽的这些行为赢得了人们的尊重和赞誉。

在政治上，王莽凭借自己的智谋逐渐崭露头角，先被任命为黄门郎，后升为射声校尉。他的三位叔伯先后担任大司马，他们感念王莽的恭顺和尽心服侍，先后向孝元皇后举荐王莽。

汉成帝去世，汉哀帝继位。此时，王莽的竞争对手淳于长因罪被处死，王莽被任命为大司马。即使他已成为朝廷中的重要人物，但他依旧克己奉公，礼贤下士，还常把自己的俸禄分给门客和百姓，甚至卖掉马车接济穷人。王莽和家人过着极为俭朴的生活，据说他的妻子因为弊衣箪食，被外人误认为奴仆。

王莽正是因为把自己品行良好的优点发挥到了极致，最终以禅让政治取得天下，兵不血刃地开创了一个新朝代。

破局十四：找不到自己的职场优势，一直碌碌无为，如何破局？

首先，找到自己的职场优势是突破困境的关键。你需要通过职业测评等工具，深入了解自己的优势和劣势。这些优势可能是你的技能、经验、性格特质、价值观等。

其次，善于观察和思考是找到突破口的重要途径。你需要关注行业变化的趋势，了解行业的需求和发展方向。同时，你也需要关注自身的成长和发展，不断调整自己的职业规划和发展方向。只有通过深入观察和思考，你才能找到适合自己的突破口和发展方向。

最后，坚定的信念和决心是突破困境的重要动力。你需要相信自己的能力和价值，坚定地追求自己的目标。同时，你也需要保持积极的心态和行动力，不断学习和提升自己的能力水平。只有通过坚定的信念和决心以及持续的努力和奋斗，你才能在职场中突围，最终实现自己的职业梦想和目标。

如何在职场中找到自己的优势，具体我们可以从以下三个方面来实现。

建立自信心

有时候，你在工作中无法充分发挥自己的能力和潜力，是因为你缺乏自信心，总是害怕失败或被批评。这种不自信会阻碍你的职业发展，使你无法充分发挥自己的潜力。

你需要相信自己拥有优越的能力和潜力，可以胜任工作并取得成功。你可以多与同事和领导交流、多参与工作讨论和项目合作，积极展示自己的想法和观点，多些展示，就能多收获肯定。重塑自信的同时，你也要学会接受他人的反馈和建议，不断改进自己的工作表现。

学习和提升技能

如果你是因为没有接受过正式的职业培训，或是没有足够的工作经验，导致无法在工作中充分发挥自己的能力和潜力，让你感到自己无法适应工作环境、无法完成工作任务或者无法与同事和领导建立良好的关系。那么你需要尽快学习和提升职业的技能，以适应工作环境和职业发展的要求。你可以通过请教经验丰富的同事、参加培训课程、阅读专业书籍、参与行业交流等方式进行学习，提升自己的职业技能，掌握工作经验。

制定明确的目标和计划

如果没有一个明确的工作目标和计划，就会导致你无法在工作中充分发挥自己的能力和潜力，让你感到自己无法制定有效的职业规划或者无法实现自己的职业目标。你需要根据职业发展要求和自身实际情况，制定明确的工作目标和计划，并采取有效的措施来实现这些目标。可以通过制定年度工作计划、季度目标、月计划等方式来实现工作目标和计划，同时也要学会管理时间和资源，提高工作效率。

总结

找到自己的职场优势，我们需要给自己一些时间和空间，思考和探索自己的内心世界。我们需要重新审视自己的价值观、兴趣和目标，找到真正适合自己的职业发展方向。我们可以从建立自信心、学习职业技能、制定明确的目标等方面入手，也要学会寻求帮助和支持，与同事、领导和朋友多交流，分享自己的困惑和感受，他们的经验和建议能给我们带来好的启发。

肆 真正的职场狠角色，从不害怕冲突

你是否常常面临这样的困境：在工作中，同事有时会提出一些无理要求，这些要求可能超出了你的职责范围，或者违背了你的价值立场，这时你的内心就会充满矛盾，一方面想要维护自己的立场和权益，另一方面又担心与同事产生冲突，影响团队合作和人际关系。这种纠结使得你无法果断地拒绝他们，在工作中备感困扰，不仅影响自己的心情，还严重影响了工作效率和质量。

由于你无法果断地拒绝同事的无理要求，导致你在他们眼中可能成为一个软弱可欺的人，让你在同事面前失去信任和尊重。

这种害怕冲突的心理其实是讨好型人格的一种表现。为了维持和谐关系、避免冲突，你常常不敢表达自己的想法和立场，这可能会导致你在职场中缺乏决断力和自信心，无法有效地解决问题和应对挑战。

讨好型人格的人往往缺乏自我认知，令你难以发现自己的优点和缺点，也难以明确自己的职业目标和规划。这可能会导致你在职场中倾向于满足他人的要求和期待，盲目追求他人的认可和赞扬，从而忽略自己的成长和发展，忽视了自己的需求。甚至导致自己在工作中受到不公平的待遇，例如薪资不公、晋升机会不足等。而且由于讨好型人格的人过分关注他人的需求和感受，往往容易被他人利用，在工作中承担过多的责任和不必要的工作任务，导致自己工作压力过大，出现焦虑、不安、沮丧等负面情绪，影响自己的工作效率和职业发展。

为了改变这种状况，你必须意识到讨好型人格让你失去了自己的声音和价值，是你在工作中感到疲惫和不满足的真正原因。要想在职场中学会说"不"，先努力学会面对冲突以及掌握处理冲突的技巧。

东汉末年，董卓废少帝刘辩，立陈留王刘协为帝。同时，董卓亦自封为太尉，领前将军，封郿侯。董卓掌权后，荒淫无道，引起了众多诸侯的不满。其中，袁绍作为一员实力强大的将领，率先做出反抗，并成功成为讨伐董卓的诸侯联军首领。

袁绍，字本初，出身于名门望族，家族显赫。他从小就展现出了过人的胆识和才智。在董卓篡权之后，他看到国家处于危难之中，心怀忧国之心，决定组织联军讨伐董卓。

袁绍先寻求支持，联系了其他诸侯，包括曹操、刘备等实力派人物。他向他们阐述了董卓的恶行和对国家的危害，呼吁他们团结起来，共同为国家除害。在袁绍的游说下，许多诸侯都表示愿意加入联军，共同讨伐董卓。

随后，袁绍被推举为联军首领。在多次战役中，袁绍凭借自己的军事才能和领导能力，指挥联军大败董卓的军队。

当董卓的行为越来越过分时，袁绍并没有选择沉默或妥协，而是果断采取行动。他明确反对董卓的荒淫无道，并决定组织联军进行讨伐，这种坚定立场和担当精神是人们在职场中面对冲突时需要具备的品质。

从职场冲突的角度来看，董卓篡权夺位，荒淫无道，他的行为就好比在职场中违背了职场规则和道德标准，侵害了其他人的利益和尊严。袁绍是一位有责任感和正义感的领导者，无法忍受这种行为，因此决定保护国家、人民和自己的利益，同时也希望通过解决董卓的问题来提高自己的地位和影响力。这种利益冲突是职场中常见的现象，需要平衡个人和团队的利益。

作为冲突的一方，袁绍采取了积极的行动来解决这种利益冲突，他通过组织联军、领导诸侯、制定战略等方式，成功地击败了董卓，消除了冲突的根源，这种解决方式需要勇气、智慧和领导能力。在故事中，不同的人扮演了不同的角色：袁绍作为冲突的解决者，发挥了领导作用；而其他诸侯则扮演了支持者和参与者的角色。每个人都根据自己的利益和立场来决定自己的行动，这是职场冲突中常见的情况。最终袁绍成功地解决了冲突，并获得了诸侯的信任和支持，他的威望和地位得到了提升，同时也为未来的政治发展打下了基础。

破局十五：既不想讨好他人，又不敢面对冲突，该如何破局？

在现代职场中，冲突是不可避免的，它可能是由各种原因引起的，如工作目标不一致、价值观不同、沟通不畅等。职场冲突如果没有得到及时的解决，会像滚雪球一样越滚越大，最终导致更大的问题和麻烦。通过勇敢地面对冲突，你可以避免问题扩大化，展现出你的诚实和勇气，从而使同事和上级更加信任你。在解决冲突的过程中，你需要与他人协商、沟通、达成共识，这样可以积累工作经验，增强团队合作效率，提升你的个人能力和发展潜力。

那么，到底怎样做才能让我们勇敢地面对职场冲突，改变讨好型的人格呢？

建立自信和自我价值感

建立自信和自我价值感是改变讨好型人格的关键。你要学会肯定自己的优点、价值和独特性。你可以通过学习来提升自己的专业技能，进而建立自信。学习一些演讲技巧能让你更加自信地表达自己的想法和立场，不再害怕与他人产生冲突。通过建立自信和自我价值感，还可以增强自己在面对冲突时的心理素质。

勇敢地表达自己的想法和立场

在面对同事的无理要求时，你应该坚定自己的想法和立场。这并不是要你与同事产生冲突，而是要建立良好的沟通机制，主动与他们交流，倾听他们的需求和意见，同时也表达自己的想法和态度，让双方都明白彼此的需求和期望。通过建立互信的关系，你可以更好地理解同事的需求，同时也可以更好地保全自己的权益，逐渐减少冲突的发生，从而提高团队合作的效率。

学会说"不"，设定边界

学会说"不"并明确自己的界限是非常重要的。要学会拒绝不合理的任务和工作要求，并明确自己的工作范围和职责。面对同事的无理要求时，要果断地拒绝或协商解决方案。在面对职场冲突时，要勇敢地维护自己的立场和利益，并避免过度承担责任，这可以让你在工作中更加专注于自己的任务，不再被他人的无理要求所困扰。

寻求支持和建立社会支持系统

在陷入职场困境时，你需要找到可以信任的人或者群体，寻求支持和鼓励，帮助你走出困境。要学会与同事建立良好的沟通和合作关系，同时你也可以从他们身上学到更多的经验和知识，提升自己的能力和信心。通过建立社会支持系统，你可以增强自己在面对冲突时的应对能力，学会与他人共同解决问题，从而可以更好地应对职场中的挑战。

总结

完成从害怕冲突到勇敢面对冲突的转变需要勇气和决心，通过使用深入思考、建立自信、设定边界、建立良好的沟通机制以及寻求支持等方法，我们可以逐渐改变讨好型人格，勇敢地表达自己的想法和立场，有效应对职场中的挑战和困境，使我们在职场中得到更好的发展和成长。

伍

向上管理，
让领导成为你的资源

　　无论你如何努力，总是无法得到领导的认可和器重。你感觉自己的工作就像在走钢丝，每分每秒都在战战兢兢中度过。尽管你拼尽全力，但仍然无法获得自己期望的回报和重视。

　　领导的要求如飘忽不定的风，你时刻提心吊胆，生怕稍有不慎就惹来领导的批评。你时刻保持警惕，不敢有丝毫的松懈和放松。你的神经如同紧绷的弦，时刻都有断裂的危险。

　　尽管你付出了巨大的努力，但领导似乎并不在意你的付出。你的工作成果没有被认可，你的努力被忽视，甚至有时候你还会听到一些让人心寒的批评和指责。你感到困惑和无助，不明白为什么你的努力会得到这样的回报。

更让你感到痛苦的是，你无法摆脱这种困境。你想改变现状，但却不知道从何下手。你尝试与领导沟通，但往往得到的是冷漠的回应或无意义的指责。你感到自己像是被困在一个无法逃脱的怪圈中，无法找到出路。

你的工作热情被消磨殆尽，你的信心被摧毁，甚至你的生活也因为工作压力而变得一团糟。你的身体和精神都被严重消耗，你感到自己仿佛在一片黑暗的泥沼中越陷越深。

此时你需要学习向上管理。三国时期的郭嘉就是一位懂得向上管理的谋士。

郭嘉，字奉孝，是三国时期有名的谋士，被誉为"鬼才"。他最初在袁绍帐下效力，但很快就发现袁绍并非明主，于是转而投靠了曹操。他凭借自己的才华和机智很快赢得了曹操的信任和倚重。

曹操善于用人，尤其擅长发掘和培养人才。在郭嘉加入后，曹操更是如鱼得水，事业蒸蒸日上。

郭嘉和曹操的合作可以说是珠联璧合。曹操的领导才能和郭嘉的谋略相得益彰，他们共同成就了一番事业。然而，在职场中，向上管理并非易事。要取得领导的信任和倚重，不仅需要才华和能力，更需要懂得如何与领导相处，如何管理领导的情绪和期望。

郭嘉深知这一点。他不仅在工作中尽心尽力，更在关键时刻为曹操排忧解难。有一次，曹操因为一件小事大发雷霆，让众人束手无策。郭嘉却在这个时候挺身而出，用寥寥数语平息了曹操的怒火。他不仅让曹操重新冷静下来，更让曹操对他充满了信任和感激。

此外，郭嘉还懂得如何管理曹操的期望。他知道曹操对他寄予厚望，因此在工作中始终保持谦逊和谨慎。他不仅对自己的工作尽职尽责，更在关键时刻为曹操出谋划策，助他渡过难关。

在这个过程中，郭嘉也对自己的职业发展有了更清晰的认识。他明白要取得更大的成功，必须不断学习和提升自己的能力。因此，他在工作中始终保持开放的心态，不断接受新的挑战和任务。

与此同时，郭嘉也没有忽视与同事的关系。他与同事们保持着良好的沟通和合作，共同完成任务。他的团队精神和协作能力让他在曹魏的团队中越来越受到欢迎。

郭嘉的故事告诉我们：要取得职场成功，必须懂得如何向上管理，如何与领导和同事相处，如何管理自己的情绪和期望。只有这样，才能在竞争激烈的职场中脱颖而出，实现自己的职业梦想。

在职场中，领导和同事都是你的合作伙伴。只有通过良好的沟通和合作，才能共同完成任务，取得成功。同时，你也要学会管理自己的情绪和期望，不断学习和提升自己的能力，为自己的职业发展打下坚实的基础。

破局十六：总是被领导主导，失去自主性和主动性，如何破局？

不想总是被领导主导，你需要重新审视自己的工作方式和沟通方式。你是否在工作中展现出了自己的价值和潜力？你是否能够积极主动地解决问题？你是否能够在团队中发挥领导力？如果你发现自己在这方面还有欠缺，那么你需要努力提升自己的能力和素质。

你也需要学会维护自己的权益和尊严。你不应该被无端的指责和批评所打击。相反，你应该勇敢地面对问题，积极地寻求解决方案。如果你觉得自己无法承受这种压力或无法获得公正的待遇，那么你应考虑是否需要离开这个工作环境。

而且，你需要记住的是，职场并不是生活的全部。你需要关注自己的身心健康和生活质量。如果你觉得自己的工作和生活失去了平衡，那么你需要重新调整自己的生活方式和态度。只有这样，你才能真正地摆脱这种困境，重新找回自己的价值和尊严

厘清了以上的逻辑关系，找到自己行事的原则和底线之后，要学会向上管理。"向上管理"是指有意识地配合和引导领导，以达到最佳的工作效果。它包括以下四个方面。

读懂领导的想法和脾气

了解领导的思维方式和性格特点是"向上管理"至关重要的一

点。首先，要关注领导关注的问题，了解领导所关心的重点，这样可以帮助你更好地预测他们的期望和需求。在工作中，你可以主动询问领导对某项任务的看法，或者向他们请教对某些问题的看法。这样不仅可以了解领导的想法，还可以展现出你的主动性和求知欲。

其次，要适应领导的沟通风格。不同的人有不同的沟通风格，有些人喜欢直截了当，有些人则更倾向于委婉含蓄。你需要学会灵活变通，用领导习惯的方式与他们进行交流。这样可以提高沟通效率，减少误解，避免冲突。

在与领导相处时，你需要细心观察他们的言行举止，从中揣摩出他们的思维方式和情绪变化，理解领导对工作的期望和要求，以及对下属的态度和偏好。这需要敏锐的洞察力和沟通能力。通过与领导建立良好的互动，你能够更好地适应他们的工作风格，以便更好地展示自己的价值。

摆正自己的位置，不当职场"含羞草"

作为下属，你要清楚自己的职责和定位，尊重领导的权利和地位。但是，这并不意味着你要变成害怕领导的职场"含羞草"。相反，你应该保持自信和积极的工作态度，敢于表达自己的意见和想法。通过展现自己的能力和潜力，逐渐赢得领导的认可和信任。

首先，要做好自己的本职工作。你应该按时完成任务，保持高质量的工作成果。这样可以让领导对你产生信任感，为你的职业发展奠定良好的基础。

其次，要敢于提出建设性意见。在工作中，你可能会发现一些问题或者不足之处。这时，你应该勇敢地提出自己的看法和建议，帮助组织改进和提高。这样不仅可以展现出你的专业能力和责任心，还可以为组织创造更大的价值。

把工作做在领导指示之前

在职场上，主动性和预见性是非常重要的素质。作为下属，你应该努力在领导提出要求之前就预见并着手准备可能出现的问题。通过提前思考和规划，还能为领导提供更多有价值的建议和解决方案，展示你的专业能力和责任心。

要实现这一点，你需要对工作有深入的了解和思考。你可以提前了解相关背景信息，预测可能出现的问题和挑战，并制定相应的解决方案。同时，你还可以主动与同事和团队成员进行沟通和协作，共同完成任务。

建立信任与默契，借领导之势拓展职场资源

与领导建立信任和默契是"向上管理"的重要目标之一。你应该在工作中展现出自己的专业能力和责任心，让领导对你产生信任。

通过与领导建立良好的关系，你能够获得更多的支持和资源，为自己的职业发展创造更多机会。同时，你也可以借助领导的影响力和资源，拓展自己的人脉和职场圈子。

要与领导建立信任和默契，你需要保持诚信和可靠性。在工作中，你应该遵守承诺和规定，不欺骗或隐瞒信息。同时，你还可以主动分享自己的工作进展和成果，让领导了解你的努力和贡献。

总结

"向上管理"是一个重要的职场技能，可以帮助我们更好地与领导合作，提升自己的职业发展。想要在职场中进行有效的"向上管理"，就要持积极态度，理解上级的期望和需求，通过准确的信息和建议来展示自己的专业能力和价值。与上级保持开放、诚实的沟通，建立互信关系，同时在提出建议时要考虑全面，注重解决方案的可行性和影响力。这样的"向上管理"方式可以增强自己在组织内的影响力，促进个人和组织的共同发展。

陆 比起职场晋升，
自身成长更重要

你身处职场，努力工作，却迟迟得不到晋升，这给你带来了一种深深的挫败感。你感觉自己像是一个永不停歇的跑步机上的奔跑者，尽管拼尽全力，但始终看不到终点。

每一天，你早早来到办公室，开始投入繁重的工作中。你尽心尽力地完成每一个任务，无论是大的项目还是小的琐事，你都处理得井井有条。你与同事和睦相处，尽量回避办公室政治，以确保工作环境的和谐。你参加各种培训，提升自己的技能，为了能在工作中表现得更好。

然而，当晋升的机会一次又一次地从你身旁溜走时，你开始怀疑自己的能力和价值。你看着身边的同事一个个得到升职，而你却在原地踏步，这让你感到无比的困惑和失落。你开始在心里默默问自己："我到底哪里做得不够好？为什么我总是得不到认可？"

这种挫败感像一团黑云，时刻笼罩在你的头顶。它开始影响你的情绪和态度，你变得越来越沮丧，越来越没有动力。你对工作开始失去热情，对职场的人际关系也变得敏感多疑。你甚至开始怀疑自己的职业选择，考虑是不是应该换一个行业或公司。

迟迟得不到升职的挫败感，不仅仅是对你个人能力的质疑，更是对你努力和付出的否定。这种感觉渗透到你的每一个细胞，让你在职场上的每一步都像是在走钢丝，小心翼翼却又不知所措。

尽管这很难，但你必须努力让自己从这种情绪中挣脱出来，找回对工作和生活的热情。升职并不是衡量你价值的唯一标准，你的价值并不取决于别人的认可，而是取决于你自己的努力和坚持。

这个过程中，你可能会痛苦、会迷茫、会无助。但请记住，这是你成长的必经之路。每一次的挫败，都是对你意志的磨炼，每一次的失落，都是对你韧性的考验。

迟迟得不到升职的挫败感是职场中普遍存在的现象。它带来了深深的痛苦和迷茫，使人开始怀疑自己的能力和价值。然而，正是这样的困境，也提供了一个让你重新审视自己的机会，找到真正的自我，明白自己的价值和意义。升职只是职场的一部分，而不是全部，你的价值并不由它来衡量。尽管这个过程充满挑战，但只有经历过这些挫败和困惑，你才能更强大、更坚韧。

王曙群是中国航天科技集团上海航天设备制造总厂的特级技师，他的职业生涯充分展示了职场中的成长与奋斗。尽管升职的机会对于每个人来说都是有限的，但王曙群通过自身的努力和坚持，在工作中不断提升自我，实现了自己的成长与价值。

王曙群是目前国内唯一的载人航天对接机构总装组组长，他的工作涉及太空飞行器的对接和装配，这是一项对精度和质量要求极高的任务。在这个领域，他以精湛的技术和卓越的管理能力而闻名，被大家称为"航天工匠"。

他的成长之路并非一帆风顺。起初，他只是个技工，但他对技术的热爱和执着让他逐渐脱颖而出。他利用业余时间学习理论知识，通过实践不断积累经验。他甚至用自己的工资购买了各种专业书籍，通过自学不断提升自己的技术水平。

随着时间的推移，王曙群的技术越来越精湛，他也开始承担更多的责任。他领导了载人航天对接机构的研发和生产工作，成功地完成了多次太空任务。他的团队被公认是中国航天领域的一支精英团队。

王曙群的成就不仅仅是在技术层面。他以严谨的态度和卓越的管理能力赢得了同事们的尊重和信任。他的团队成员评价他是一个有担当、有追求的领导，总是能够给予他们及时的指导和帮助。

在这个竞争激烈的职场中，王曙群通过自身的努力和坚持，从一个技工逐渐成长为特级技师，最终成为载人航天对接机构领域的专家。王曙群的故事是一个典型的职场成功案例。他的成就不仅是他个人努力的结果，也是他团队努力的结果。

他的故事告诉我们，尽管职场竞争激烈，但只要你肯努力、肯学习、肯承担责任，就一定能够实现自己的成长和价值。在工作中，你需要注重团队合作和管理。一个优秀的团队可以激发每个人的潜力，提高整个团队的效率和竞争力。作为团队的一员，你需要尊重他人、理解他人、帮助他人，与大家共同完成工作任务，实现团队目标。在职场中，你需要有目标、有计划地提升自己的能力，勇于面对挑战，敢于承担责任。只有这样，你才能够在激烈的竞争中脱颖而出，实现自己的职业目标。

总之，王曙群的故事是一个鼓舞人心的故事，它告诉我们职场中的成功并非易事，但只要你肯努力、肯学习、肯承担责任，就一定能够实现自己的职业目标。同时，你也需要注重团队合作和管理，只有这样，你才能够在职场中取得更大的成功。

破局十七：迟迟得不到晋升，挫败感与日俱增，如何破局？

在职场中，竞争是非常激烈的，升职机会往往只属于少数人。

尽管如此，每个人都应该在工作中不断努力提升自我，实现成长。我们可以用以下三种方法来打消自己的挫败感。

树立正确的成就观

首先不以职务高低作为衡量个人成就大小的唯一标准，这会限制个人的发展。因此，要改变这种观念，树立正确的成就观。正确的成就观是以个人能力和实际贡献为衡量标准的，而不是以职务高低来衡量。

要树立正确的成就观，首先要认识到职务高低并不是衡量个人价值的唯一标准。在工作中，要注重提高自己的专业能力和技能水平，而不是过分追求职务升迁。其次，要关注自己的实际贡献和价值，努力为公司或组织创造更多的价值，而不是过分关注自己的职务。

锻炼专业能力和领导能力，提高岗位竞争力

在职场中，专业能力和领导能力是提升岗位竞争力的关键。作为一个职场人，首先要不断学习和提高自己的专业能力，让自己成为某一领域的专家。同时，要锻炼自己的领导能力，学会如何管理和激励团队，提高团队的工作效率。

要提高自己的专业能力和领导能力，需要不断学习和实践。可以通过参加培训、读书学习、与同行交流等方式来学习知识和技能。

同时，要积极参与工作实践，通过实际工作经验来锻炼自己的能力。只有不断积累经验和不断学习提高，才能在职场中立于不败之地。

追求全面成长，成为组织离不开的能人

除了专业能力和领导能力外，追求全面成长也是实现自我成长的重要方面。一个优秀的职场人应该具备多方面的能力和素质，包括沟通能力、团队合作能力、创新能力、解决问题的能力等等。只有具备了这些能力和素质，才能在职场中脱颖而出，成为组织离不开的能人。

要追求全面成长，需要注重以下几点：首先，要有一个积极进取的心态，勇于面对挑战和困难；其次，要不断学习和提高自己的各项技能和知识储备；最后，要积极参与各种工作和社会活动，积累实际经验和社会资源。通过这些努力，才能不断提高自己的全面素质和能力水平。

总结

在职场中，竞争是普遍存在的。每个人都希望能够在职场中获得成功，升职加薪，实现个人价值。但是，升职机会是有限的，因此只有少数人能够获得这些机会。尽管升职机会有限，但是每个人都可以在工作中提升自我。通过学习新技能、掌握新工具、提升工

作效率和技能水平，每个人都可以使自己在职场中更具竞争力。这种提升不仅有助于个人在职场中的发展，还可以为组织带来更多的价值。因此，每个人都应该积极面对职场挑战，不断学习和提升自己，以实现自己的价值和成长。

柒

向下兼容，构建你的领导力

　　你披荆斩棘，好不容易走上了领导岗位，却发现自己在这个位置上摇摇欲坠，屡屡被下属挑战，不知该如何服众。这是一个令人尴尬的职场现象，让你感到困惑和无助。

　　你曾经以为，领导岗位是一个充满权威的位置，可以让你轻松驾驭下属，实现自己的管理目标。然而，现实并非如此。你发现，下属们似乎并不那么听从你的指挥，他们有自己的想法和行动，甚至有时会公然挑战你的权威。

　　当你试图通过强硬的手段来维护自己的领导地位时，你却发现这样做只会让情况变得更加糟糕。你的下属们开始对你产生反感和抵触情绪，你的命令和决策往往无法得到他们的积极配合和执行。你感到自己在这个岗位上变得越来越孤立和无助。

你开始反思自己的领导方式和能力。你发现，自己缺乏一些关键的领导技能，比如如何与下属建立良好的沟通和信任关系，如何激发他们的积极性和创造力，如何解决冲突和化解矛盾等。这些技能的缺失让你在领导岗位上显得力不从心，无法有效地发挥自己的作用。

下属挑战领导的现象反映了下属对领导的不信任和反感。在当今这个信息化、多元化的时代，下属们更加注重自我价值和尊重，他们不再像以前那样盲目服从领导的命令，而是更加注重自己的意见和选择。这无疑给领导带来了更大的挑战和压力。

面对这个困境，你感到无奈和困惑。

然而，即使面临这样的困境，你依然需要坚持下去，寻找解决问题的方法。这可能需要你付出更多的努力，学习新的领导技能，改变自己的领导方式，与下属建立更加真诚和信任的关系。只有这样，你才能逐渐摆脱"下克上"的困境，成为一名真正受下属尊重和信任的领导。

在这个过程中，你需要保持开放的心态和积极的态度，不断尝试新的方法和策略。

刘邦攻打沛县的故事是中国历史上一个著名的战役，也是刘邦崛起的关键一步。在这个过程中，刘邦展现出了出色的领导力，成为一个向下兼容型的领导典范。

刘邦攻打沛县之前，他并没有显赫的战功和威名，而他的对手则是占据沛县的秦军。刘邦清楚，要打赢这场仗，单靠军事实力是不够的，还需要依靠领导力来凝聚人心、鼓舞士气。

首先，刘邦注重与士兵建立良好的关系。他深知，士兵是战争中最基本的单位，只有让士兵信任自己，才能发挥出他们最大的战斗力。因此，他常常深入基层，与士兵同吃同住、共同作战，用自己的行动来赢得他们的信任和尊重。在这个过程中，刘邦不仅了解了士兵的需求和想法，还向他们传递了自己的理念和价值观，让他们感受到自己是一个有担当、有远见的领袖。

其次，刘邦善于倾听他人的意见和建议。在攻打沛县的过程中，他不仅听取了将领们的意见，还广泛征集了士兵和百姓的意见。通过倾听他人的声音，刘邦能够更好地了解战场形势和敌方动态，制定出更加科学合理的战略和战术。同时，他也通过这种方式来激发士兵和百姓的参与感和归属感，让他们感受到自己的价值和重要性。

最后，刘邦注重激励和鼓舞士气。他知道，士气是战争中至关重要的因素之一，只有高昂的士气才能让士兵在战场上发挥出最大的潜力。因此，他通过各种方式来激励士兵，包括放烟火、写帛藏鱼肚、神龟策等传递信息的方式，让士兵们相信神龟策上的话语，传递出自己会成为王的征象，提振军心。这种激励方式不仅让士兵们感到神秘和神圣，还让他们对刘邦充满了信任和敬意，从而更加坚定地为他战斗。

除此之外，刘邦还善于从失败中汲取经验教训。在攻打沛县的过程中，他也曾遭遇过失败和挫折。但是，他并没有被困境所打倒，而是从中汲取了宝贵的经验教训，不断调整自己的战略和战术。他知道，失败并不可怕，可怕的是在失败面前失去信心和勇气。因此，他总是鼓励士兵们要敢于面对失败和挑战，从中汲取经验和教训，不断提高自己的战斗力和领导力。

最终，在刘邦的出色领导下，汉军成功地攻占了沛县。这场胜利不仅让刘邦名声大噪，还为他后来赢得楚汉之战奠定了坚实的基础。

在这个故事中，刘邦展现出的领导力让我们看到了向下兼容型领导的重要性和价值。这种领导方式不仅能够让领袖更好地了解基层的需求和想法，还能够激发基层的参与感和归属感，让组织更加团结和有力量。

做好向下兼容型领导需要注重激励和鼓舞士气、善于倾听他人的意见和建议、从失败中汲取经验教训等方面的能力和素质。只有具备了这些能力和素质的领袖，才能够在复杂的环境中脱颖而出，成为伟大的领袖。

破局十八：身居领导岗位，却屡屡遭到下属质疑，如何破局？

有一种领导方式叫"向下管理"，它强调我们应该关注团队成员的需求和发展，通过有效的沟通和引导，激发团队成员的潜能和创造力，实现团队和组织的共同目标。以下从四个方面详细阐述如何在职场上进行"向下管理"。

克制纠正他人的欲望，学会倾听、理解、接纳和认同

作为领导者，很容易有纠正他人的欲望，但是这样的做法往往会打击团队成员的积极性和信心。因此，你需要学会克制自己纠正他人的欲望，放低姿态，倾听、理解、接纳和认同团队成员的想法和观点。在沟通过程中，你需要保持开放的心态，尊重他人的意见，鼓励团队成员表达自己的看法，从而建立信任。

构建共同愿景，让团队成员心往一处使

一个高效的团队需要有一个共同的愿景和目标。作为领导者，需要与团队成员共同制定团队的愿景和目标，并确保这个目标能够激励每个团队成员。在构建共同愿景的过程中，你需要充分了解团队成员的个人需求和职业发展规划，将团队的目标与个人的目标相结合，从而让团队成员心往一处使。同时，你还需要与团队成员分

享团队的项目进展和成果，激发他们的团队认同感和归属感。

接纳团队中的"异见"，让每个成员都释放潜能

在团队中，不同的成员会有不同的想法和观点，这是团队多样性和创造力的来源。作为领导者，需要接纳团队中的"异见"，并鼓励团队成员充分表达自己的观点和想法。在决策过程中，你需要充分考虑团队成员的意见和建议，并尽量达成共识。同时，你还需要根据团队成员的特点和优势，合理分配任务和责任，让每个团队成员都能够充分释放自身的潜能。

引领高效，降低成本，公平处事

在实现团队目标的过程中，领导者需要注重效率和成本。作为团队的引领者，要制定合理的工作流程和计划，减少不必要的成本和时间浪费。在处理团队内部事务时，要秉持公平、公正的原则，确保每个团队成员都受到平等对待，避免出现偏见和不公。在这样的基础上，团队成员会更加信任领导者，从而提高团队的凝聚力和工作效率。

总结

"向下管理"是一种关注团队成员需求和发展，激发团队成员

潜能和创造力的领导方式。在实际工作中，我们需要学会克制纠正他人的欲望、构建共同愿景、接纳团队中的"异见"并减少各种资源的浪费、公平处事。只有这样，才能营造一个和谐、高效且充满活力的团队氛围，实现团队和组织的共同目标。

第四章

破人际局：

不交情商税也能拥有好人缘

壹 别人怎么对你，都是你教的

　　你一直认为自己是一个待人真诚友善的人，但你总是感到被辜负、被欺骗、被欺负。这种经历让你感到痛苦和困惑，不明白为什么你的付出和努力总是得不到回报。

　　在生活中，每个人都希望能够与其他人建立良好的关系，彼此尊重和信任。然而，有时候事情并不如人意。

　　你可能会遇到一些人，他们似乎对你的友善持有怀疑态度，不尊重你的付出，甚至在背后说你坏话。这种行为会让你感到心痛，因为你总是试图以真诚的态度与他人交往，但总是遇到这种情况。

　　你可能会感到自己被欺骗了，因为你相信了一些人所说的话，但后来发现这些话并不真实。或者你为某人付出了很多，但他们没有以同样的方式回报你。这些经历会让你感到沮丧和失望，因为你希望与他人建立真正的友谊和信任。

还有些人利用了你的真诚和善良，将你视为他们的工具，让你承担更多的工作或责任。他们可能会对你进行批评或指责，让你感到自己受到了伤害。这些行为会让你感到愤怒和无助，因为你不想被利用或受到不公平的对待。

面对这种情况，你可能会感到困惑和不解。为什么你的付出和努力总是得不到回报？为什么你总是遇到这种被辜负、被欺骗、被欺负的情况？

这并不是你的错。在生活中，每个人都有自己的价值观和行为方式。有些人可能会利用你的友善和真诚，将你视为他们的工具。但这并不意味着你应该改变自己，相反，你应该坚持自己的价值观和原则，继续以真诚的态度与他人交往。

同时，你也应该学会保护自己。有些人可能会利用你的友善和真诚，将你视为他们的工具。但是，你可以通过建立自己的边界来保护自己的权益，减少这种情况的发生。不要让任何人利用你的友善和真诚来伤害你或侵犯你的权益。

此外，你也应该学会相信自己的直觉。如果你感到某些人不值得信任或交往，那么你应该听从自己的直觉，与他们保持距离。同时，你也应该学会从经历中吸取教训，不断成长和进步。接下来我们看一下宋襄公争霸的故事。

宋襄公在历史上是一个有争议的春秋霸主，他不像其他霸主那样充满了侵略性，反而是仁义有信。但如果放在现在来看，他的那种"仁"是一种愚蠢、软弱的表现，毕竟在当时的社会环境下，手腕强硬是国家实力的体现。

国家强势才会得到其他国家的尊重与臣服，如果自身软弱可欺，自然也会变成其他国家欺负的首选对象。

春秋五霸之一的齐桓公去世后，霸主位置空缺，宋襄公便决定凭借自己的力量得到霸主的位置。

但宋襄公完全没考虑当时宋国的国力情况，不切实际地认为自己的能力出众，其他国家都不堪一击。

其他多个诸侯国，都支持楚国做霸主，比如宋国的邻居郑国。宋襄公得知后，就亲自带着军队攻打郑国。他的本意是征服郑国，就能得到郑国的支持，震慑其他诸侯国，这样做霸主就指日可待。

殊不知，郑国已经投靠楚国。郑国一听宋襄公要攻打自己，立马向楚国求助，希望得到帮助。楚国为了自己的好处，派出军队进攻了宋国首都。

宋襄公立刻撤回一部分兵力保护首都，但未等到援军撤回首都，就与楚国的军队在泓水相遇了。

宋襄公的军队与楚国的军队在河边对峙时，宋襄公突然不合时宜地展示了自己的"仁义"。他认为楚国军队需要渡河才能到达对岸，趁敌军渡河时进攻是不公平的，因此他采取了守株待兔的策略，给楚国军队足够的时间渡河。在楚军渡河完毕后，宋襄公仍然坚持不进攻，他认为只有等楚军列好阵势后才能进行公平的对决。

楚国认为宋襄公的"不忍之心"实则是软弱可欺，于是采取了偷袭的战术，对着宋襄公的军队发起了进攻。

最终，宋襄公不合时宜的"仁义"不仅使宋军陷入了困境，还让自己身负重伤，一年后因伤痛发作，不治而亡。

从宋襄公的故事中，我们可以得到深刻的教训。在人际交往中，你的行为和态度可能会激发他人欺善怕恶的天性。如果你在面对困难和挑战时表现得软弱可欺，那么可能会引来他人的欺负和利用。

在现代社会中，竞争和压力是常态，我们常常会遇到各种困难和挑战。然而，你的态度和行为选择将决定你是否会成为他人欺负的对象。如果你表现得坚定和自信，那么他人可能会尊重你的能力和判断力。但如果你表现得软弱可欺，那么他人可能会认为你是易受欺负的对象。

在职场中，这种情况尤为明显。如果你面对工作中的困难表现得软弱可欺，那么同事可能会认为你是"老好人"，可以随意使唤和欺负。这不仅会损害你的职业形象，还会影响你的工作效率。

因此，你应该学会在面对困难和挑战时表现得坚定和自信。你应该有自己的原则和立场，并学会保护自己的权益和利益。

同时，你也应该学会保护自己，避免成为他人欺负的对象。只有这样，你才能在职场和社会中获得成功和尊重。

破局十九：明明待人真诚友善，却总被欺负，如何破局？

在生活中，人们常常会遇到各种挑战和困难，有些人会选择软弱退缩，而另一些人则能够勇敢地面对并克服这些困难。所以有些人在生活中总是被人轻视和忽略，而另一些人则能够获得成功和尊重。

善良要有锋芒

善良是人类最美好的品质之一，但是善良必须要有锋芒。没有锋芒的善良往往被人视为软弱可欺，容易被人利用和欺负。因此，你必须要有自己的原则和底线，不仅要善待他人，还要敢于维护自己的权益。当你遇到不公正的待遇或者遭受欺负时，要勇敢地站出来，敢于表达自己的想法和态度，敢于展示自己的价值，为自己争取应有的尊重和权益。不要因为过于软弱而让别人忽视你的存在。只有这样，你的善良才能够得到他人的认可和尊重。

真诚而不失城府

　　真诚是人际交往中最重要的品质之一，但若对他人毫无防备之心，会让你失去保护自己的能力。因此，你需要学会真诚而不失城府。这意味着你要保持真诚的态度，但同时也要有一定的谋略和智慧。在与其他人的交往中，你应该保持真诚和信任，但也要学会观察和了解他们的想法和动机。只有这样，你才能够更好地掌握人际关系中的应对策略。

不轻信他人，也不满腹猜忌

　　你需要有一定的判断力，不轻易相信他人，但也不应该对所有人都充满猜忌。对于那些可以信任的人，你应该保持真诚和信任；对于那些不可以信任的人，你应该保持警惕和谨慎。同时，你也要学会分析和判断信息来源的可靠性，不要盲目相信和传播未经证实的消息。只有这样，你才能够做出正确的决策和判断。

不卑不亢，宠辱不惊

　　无论面对什么样的挑战和困难，你都应该保持平和的心态和稳定的情绪，无论是面对上司、同事还是下属，都应该保持平等和尊重。不要因为一时的得失而影响自己的情绪和判断力，更不要因为他人的夸赞或批评而喜不自禁或自卑失落。你应该学会客观地看待自己的优点和不足，不断学习和提升自己的能力。只有这样，你才能够保持稳定和自信，让别人不敢轻视你。

总结

在与人交往时不应太软弱，也不要因为生活中的一些不愉快的经历而否定自己的价值。我们应该坚持自己的价值观和原则，继续以真诚的态度与他人交往。同时，我们也应该学会保护自己的利益和尊严，相信自己的直觉、从经历中吸取教训、不断成长和进步。只有这样，我们才能获得成功和尊重。

贰 强大的人擅用良性冲突

你一直秉持着以和为贵的原则，这让你在处理各种事务时都显得非常有耐心。然而，最近你发现这个原则并没有帮助你解决一些矛盾，反而让你在生活中处处被动，身心俱疲。

你尝试着用以和为贵的方式与其他人沟通，希望通过友善的方式解决问题。然而，这并没有达到预期的效果。在某些情况下，别人似乎并不愿意接受你的建议，甚至开始对你产生不满。这让你感到非常困惑和失望，因为你一直认为以和为贵是解决矛盾的最好方式。

这种情况可能在你与一位特别难以相处的同事之间尤为明显。

你尝试着与他建立良好的关系，但每次与他交流时，他总是显得很不耐烦，甚至会对你的提议表示怀疑。你觉得自己已经非常迁就他了，他的态度却始终没有改变。

这种情况不仅让你感到身心疲惫，还开始影响你的工作效率。你发现自己无法集中精力完成手头的工作，因为你的思绪总是被这些矛盾所困扰。你担心这些矛盾会影响你与其他同事的关系，甚至影响你的职业发展。

在这样的压力下，你开始怀疑自己的行为是否正确。你曾经认为以和为贵是一种非常明智的处理矛盾的方式，但现在你感到这种做法并没有起到什么积极的作用。你开始思考是否应该采取一种更直接、更果断的方式来解决问题。

然而，在做出任何决定之前，你需要认真思考一下自己的目标和价值观。你需要问自己：你真正想要的是什么？是短暂的和解还是长期的合作？

在考虑这些因素之后，你可以制定一个计划来解决问题。首先，你需要明确你的立场和目标。然后，你需要采取一种更直接的方式来与那位难以相处的同事交流。你可以尝试着用事实和数据来支持你的观点，而不是仅仅依靠感觉和情绪。同时，你也需要倾听他的意见，引导他说出自己的想法和需求。

在采取这些行动之后，你需要继续思考并评估结果。你需要问自己：这种方法是否有效？我是否取得了任何进展？如果这种方法没有起到预期的效果，那么你可能需要采取其他措施来解决问题。这可能包括寻求帮助或指导，调整你的沟通方式。

以和为贵并不是解决所有矛盾的万能药。在处理矛盾时，真正强大的人都敢于明确自己的目标、立场和价值观，并采取适当的措施来解决问题，而非一味求和或对抗。

苹果公司和微软公司的竞争，就是用"良性冲突"代替"恶性冲突"，这打破了两大科技巨头公司恶性竞争的局面，实现了共赢。

20世纪90年代，苹果公司和微软公司是个人电脑操作系统的两大竞争对手。苹果公司开发了自己的Mac OS系统，而微软则开发了Windows系统。这两家公司之间的竞争非常激烈，甚至到了"你死我活"的地步。

然而，在1997年，苹果公司陷入了严重的财务危机，甚至有可能破产。在这种情况下，微软公司做出了一个惊人的决定：向苹果公司投资1.5亿美元，帮助苹果公司渡过难关。

这个决定在当时看来是非常冒险的，因为这意味着微软将直接参与到苹果的生死存亡之中。然而，事后的发展证明了微软公司的这个决定是非常明智的。

苹果公司利用这笔资金，成功地进行了转型，推出了iMac、iPod、iPhone等一系列革命性的产品，重新回到了科技巨头之列。

与此同时，微软和苹果之间的合作也带来了双赢的结果。微软的Office软件开始在 Mac 上运行，为微软带来了新的收入源。而苹果的 Mac 用户也能够使用到熟悉的 Office 软件，改善了 Mac 的使用体验。

这个故事告诉我们，即使是最激烈的竞争对手，也有可能通过合作来实现共赢。在面对"恶性冲突"时，我们应该保持开放的态度，寻求合作的可能性，而不是一味地对抗。

破局二十：处处让步试图避免冲突，却总是陷入被动，如何破局？

许多人都喜欢避免冲突，认为冲突是不好的，会破坏社交的和谐。然而，实际上，适度的冲突是不可避免的，也是有益的。你可以尝试用以下方法建立良性冲突，推动问题得到更好的解决。

树立良性冲突的观念

由于不同的人有不同的想法、价值观和利益诉求，冲突是不可避免的。因此，你要接受冲突是生活中的常态，不要过于担心和恐惧。良性冲突是指有益的、建设性的冲突，可以推动问题得到更好的解决。而恶性冲突则是破坏性的、有害的冲突，会破坏人际关系。你要学会区分良性冲突和恶性冲突，积极采用良性冲突，避免恶性冲突的发生。在人际交往中，不同的人会有不同的想法和意见。你要鼓励其他人提出不同意见，让不同的观点能够得到充分的表达和交流。这样可以避免因为信息不对称而导致的误解和矛盾。

了解人际关系中常见的冲突类型，心里有数

在生活中，常见的冲突有四种类型，了解这些冲突类型的特点和处理方式，可以帮助我们在面对冲突时更加冷静、理智地处理。

一是目标不一致。目标不一致是最常见的冲突类型之一。由于不同的人有不同的目标和工作重点，往往会出现目标不一致的情况。在这种情况下，我们需要通过协商和沟通来寻找共同的目标和解决方案。

二是责任不明确。责任不明确也是常见的冲突类型之一。如果责任不明确或者出现了工作重叠的情况，就很容易导致冲突的发生。在这种情况下，你需要通过重新分配工作或者明确责任来解决问题。

三是沟通不畅。沟通不畅是许多冲突产生的原因之一。如果沟通不畅或者出现了误解的情况，就很容易导致矛盾和冲突。在这种情况下，你需要通过加强沟通、增加透明度来解决问题。

四是价值观差异。价值观差异也是常见的冲突类型之一。由于不同的人有不同的价值观和信仰，往往会出现价值观有差异的情况。在这种情况下，你需要尊重对方的价值观和信仰，通过协商和妥协

来解决问题。

学一点冲突管理工具

在化解冲突的过程中，掌握一些冲突分析工具可以帮助你更好地理解和处理冲突。以下是一些常见的冲突分析工具。

SWOT分析法。SWOT分析法是一种常见的战略分析工具，也可以用于冲突分析。通过SWOT分析法，你可以对冲突的内外环境进行分析，找出优势、劣势、机会和威胁，从而制定相应的解决方案。

冲突画布。冲突画布是一种可视化的工具，用于分析和解决冲突。它包括四个部分：利益（Interests）、信念（Beliefs）、需求（Needs）和限制（Limitations）。使用冲突画布，可以帮助人们更好地理解彼此的利益、信念、需求和限制，从而找到解决冲突的方法。在处理恶性冲突时，可以使用冲突画布来帮助人们识别冲突的根本原因，并找到满足各方利益的解决方案。

GROW模型。GROW模型是一种常用的冲突管理工具，它包括四个步骤：目标（Goal）、现状（Reality）、选择（Options）和行动（Will）。通过使用GROW模型，处理恶性冲突时，人们可以明确自己的目标，了解当前的现状，重新审视问题，找到解决问题的方法，探索各种选择并制定行动计划。

总结

　　面对人际矛盾时，我们不要选择回避或放弃，而是以积极的态度面对和解决矛盾。通过良性冲突，我们可以更好地了解他人的想法和需求，也可以更好地推动企业的发展和进步。我们应该学会倾听、理解并尊重他人的意见，同时也要勇于表达自己的想法和立场。只有这样，我们才能在人生中取得成功并实现自己的梦想。

叁 聪明人能边吵架边解决问题

在人们的相处中，你或许曾经历过或者观察到过两种极端现象：动辄吵架、情绪不稳定或是不吵架，任由冷暴力增加误解与隔阂。这两种现象在人际交往中都可能造成困扰，阻碍了人们之间的正常交流与理解。

首先，第一种极端现象是动辄吵架、情绪不稳定。你或许有过这样的经历，在与某个人相处时，一些微不足道的小事可能就引发你的情绪波动，导致激烈的争吵。这种频繁的争吵可能使你感到心力交瘁，甚至怀疑这段关系的价值。同时，你的情绪不稳定也可能对其他人产生负面影响，使他们对你感到困惑并疏远你。

第二种极端现象则表现为不敢吵架，却任由冷暴力加大隔阂。这种情况下，你可能会避免与对方发生争吵，即使你认为有必要进行沟通。你可能会选择沉默，或者用表情、行为等方式表达你的不满。这种方式虽然避免了直接冲突，但实际上却加大了你们之间的隔阂。对方可能无法理解你的真实感受，而你也可能因为无法直接表达而感到更加沮丧和不满。

这两种极端现象会对人际关系产生深远的影响。动辄吵架可能导致关系的破裂，而回避吵架则可能使关系陷入冷漠和疏远。因此，了解这两种现象的特点和影响，对于我们更好地处理人际关系至关重要。

当然，我们不能简单地将情绪不稳定归结为一种心理问题或性格缺陷。这种现象可能受到许多因素的影响，包括个人的生活经历、环境压力等。同样地，回避吵架并不意味着缺乏勇气或者软弱。有时候，你选择避免争吵是因为你珍视这段关系，或者你希望通过和平的方式解决问题。

然而，无论原因如何，这两种极端现象都有可能带来负面影响。在处理人际关系时，你需要努力寻找一种平衡，既能够表达自己的观点和感受，又能够尊重他人的观点和感受。你需要学会有效地处理冲突，而不是避免冲突。同时，你也需要学会控制自己的情绪，以避免因情绪波动而导致的争吵。

在美国宾夕法尼亚州，有一家名叫赫尔姆的钢铁厂，曾经面临着倒闭的危机。这家钢铁厂因为经营不善，产品质量不高，市场份额逐渐减少，陷入了严重的财务困境。员工们对管理层的不满和失望情绪日益高涨，而管理层也因为无法改善局面而感到沮丧和无助。

然而，就在这个关键时刻，公司新任首席执行官亚伯·桑德勒上任了。他并没有被困境所吓倒，而是以一种全新的思维方式来面对这个挑战。他意识到，要想让公司起死回生，就必须转变观念，改变公司内部的管理方式和文化。

桑德勒首先开始在公司内部推行"开放式沟通"的理念。他鼓励员工们积极发表自己的看法和意见，不再局限于传统的层级制度。他定期组织员工会议和团队讨论，让每个人都有机会表达自己的观点和想法。这很快就改变了公司内部沉闷的气氛，让员工们感到自己被重视和尊重。

然而，桑德勒并没有止步于此。他意识到，要想真正改变公司的困境，还需要在产品和服务质量上下功夫。于是，他开始推动公司进行技术创新和流程优化。他引入了先进的质量管理体系和技术设备，不断提高产品的质量和性能。同时，他还注重加强与客户的沟通和合作，了解市场需求和反馈，以便更好地满足客户需求。

在这个过程中，桑德勒还注重团队建设的重要性。他经常组织各种团队活动和培训课程，加强员工之间的沟通和合作。他鼓励员工们互相学习和分享经验，以便更好地提高自身能力和工作效率。

这些举措很快收到了成效，员工们的士气和信心得到了极大的提升，团队协作也变得更加紧密和高效。

尽管在这个过程中，公司内部仍然存在分歧和矛盾，但是桑德勒总是强调"转变观念"的重要性。他告诉员工们，争吵是为了更好地解决问题，而不是为了攻击或指责对方。他鼓励员工们在争吵时保持冷静和理性，以事实和数据为依据进行讨论和交流。这种开放和包容的态度很快就赢得了员工们的信任和支持。

经过了多年的努力和奋斗，赫尔姆钢铁厂终于实现了起死回生。公司的财务状况得到了显著改善，市场份额也得到了稳步增长。员工们对公司的未来充满信心和期待，管理层也因为成功扭转局面而感到自豪和满足。

转变观念对于解决复杂问题至关重要。只有通过开放式沟通和团队协作，才能够更好地理解问题、找到解决方案并取得成功。争吵并不是解决问题的障碍，而是促进交流、发现真相和提高决策效率的重要手段。在赫尔姆钢铁厂的故事中，桑德勒和他的团队正是通过争吵和讨论来发现问题、解决问题并取得成功的。

破局二十一：深陷冲突与回避冲突的负面情绪中，如何破局？

在生活中，负面情绪是一种常见的现象。然而，如何正确地处理这些情绪却是一个需要技巧和智慧的问题。我们可以从四个方面来阐述如何处理负面情绪。

冷战不是冷静，积极沟通才能共同面对负面情绪

当出现负面情绪时，有些人可能会选择冷战的方式来处理。他们可能会保持沉默，避免与对方交流，或者用冷漠的态度来表达自己的不满。然而，这种做法并不是一种明智的选择。

事实上，冷战只会导致情绪的积累和加深，而无法真正解决问题。因此，当出现负面情绪时，应该积极沟通，与对方共同面对问题。可以尝试用以下方法来与对方进行沟通：

·找一个安静的时间和地点，与对方坐下来进行谈话；

·表达自己的感受和想法，听取对方的看法；

·共同探讨解决问题的方法，达成共识。

通过积极沟通，可以有效地缓解负面情绪，解决问题，同时也有助于增强人们互相之间的信任和合作。

理性表达情绪，不用强忍委屈

在生活中，有时候会遇到一些不公平或者令人不满的事情。这时候，很多人可能会选择强忍委屈，不愿意表达自己的情绪。然而，

这种做法不仅会让自己感到压抑和不快，还可能会导致身体上的健康问题。

你可以找到一个安全、可靠的人倾诉自己的心情，比如同事、朋友或家人；或者通过写日记或者画画来释放自己的情绪；也可以进行一些运动或者冥想来缓解自己的压力和负面情绪。表达情绪并不意味着要攻击或者指责对方，而是让自己和对方都能够更好地理解彼此的感受和需求。同时，表达情绪也有助于建立更加真实、坦诚的人际关系。

注意先处理情绪，再处理事情

当遇到紧急或者重要的任务时，很多人可能会选择先解决问题，然后再处理情绪。然而，这种做法可能会让问题变得更加复杂和难以解决。

在争吵最激烈的时候，往往很难理性地思考问题。因此，首先要做的就是冷静下来。你可以告诉对方你需要一些时间来冷静一下，这样可以帮助你恢复理智。

首先，尝试深呼吸、冥想等放松方式来缓解自己的紧张情绪，然后找到一个安静的地方静下心来思考问题的根源和解决方法，也可以与朋友或家人倾诉自己的感受和需求。处理情绪有助于你更加冷静地思考问题，并找到更加有效和创新的解决方案。同时，处理情绪也有助于增强你的自我意识和自我管理能力。

觉察彼此的感受与需求，一起商量解决办法

当你的情绪得到平复后，尝试倾听对方的观点和感受。想象一下如果你是对方，你会有什么感受和需求。通过倾听对方的观点，你可以更好地理解对方的行为和情绪。在理解了对方的感受和需求后，你可以表达自己的感受和需求。告诉对方你为什么会有这样的情绪和反应，以及你需要什么。

在了解了彼此的感受和需求后，一起寻找解决办法。可以提出一些具体的解决方案，或者妥协的建议。如果可能的话，可以一起制定一个双方都可以接受的解决方案。最后，总结一下这次争吵的经验教训。哪些沟通方式让彼此感到舒适，哪些沟通方式需要改进。通过总结经验教训，可以避免类似的问题再次发生。

总结

处理负面情绪需要一定的技巧和智慧。通过积极沟通、适当表达情绪、先处理情绪再处理问题和在争吵中觉察彼此的感受与需求等方法来应对负面情绪，可以帮助我们更好地应对挑战和压力。同时也可以帮助我们更好地理解自己和他人的需求和感受，从而建立更加健康、积极的社交关系和个人形象，进而促进个人的发展与成长。

肆 如何向他人提供情绪价值

　　在这个快速变化的时代，你可能会发现，身边的人们总是忙碌而疲惫，他们的脸上很少有发自内心的笑容。你或许会感到疑惑：他们是不是过得并不快乐？然而，这可能只是这个时代的普遍现象：人们承受着巨大的压力和烦恼，常常感到不快乐。

　　每天早晨，当太阳冉冉升起的时候，人们就开始了忙碌的一天。每一份工作都有不同的压力，无论是来自上司的严格要求，还是来自同事之间的竞争。而这些压力往往让他们感到心情沉重，快乐无从谈起。

　　除了工作的压力，生活中的烦恼也不断困扰着人们。高昂的房价、年老的父母、与日俱增的孩子的养育成本，这些都可能成为压在人们心头的重石。你可能在寻找自我价值的路上迷失了方向，也可能在复杂的人际关系中感到疲惫。这些烦恼无时无刻不在牵扯着你的思绪，让你无法摆脱，无法轻松。

然而，这并不意味着你不努力去寻找快乐。大家尝试着用各种方式来缓解压力，比如通过社交媒体来寻找安慰，或者通过购物来满足自己的欲望。但是，这些方式往往只能暂时缓解压力，而不能真正解决问题。当压力再次袭来时，你可能会感到更加无助和失落。

在这样的环境下，人们变得更加敏感和脆弱。你可能更容易被情绪所左右，更容易陷入消极的情绪中无法自拔。你可能更容易感到疲惫和无力，更难找到快乐的感觉。

尽管压力和烦恼无处不在，但人们可以通过调整自己的心态来改变自己的感受。你可以尝试着让自己更加积极乐观，更加勇敢坚强。你可以尝试着寻找自己的兴趣爱好，通过与他人的交流来缓解压力和烦恼。你可以尝试着让自己更加充实和满足，从而找到真正的快乐的感觉。

在这个时代，人们的生活节奏越来越快，压力和烦恼也越来越多。但是，你不能被这些压力和烦恼所左右。你要学会面对它们，解决它们，最终找到属于自己的快乐。因为在这个世界上，没有什么可以阻挡你去追求快乐。只有你自己，才能决定你的生活是快乐还是悲伤。

曹操"望梅止渴"的典故蕴含的智慧和策略，不仅在军事领域具有指导意义，更在日常生活中有着不可忽视的价值。特别是其中蕴含的提供情绪价值的理念，对于我们来说，更是值得深思和学习。

曹操在带领军队作战时，不仅需要制定战略，更需要关注士兵的情绪和士气。在一次漫长的行军中，一路都没有水源，士兵们口渴难耐，因此产生了负面情绪，开始抱怨、懈怠，甚至出现了逃兵。如果这些负面情绪得不到及时的安抚和引导，很可能会影响军队的战斗力。

面对这种情况，曹操并没有选择简单的惩罚或者训斥，而是运用了他的智慧和领导力，为士兵们提供了情绪价值。

他指着前方的一片梅林，告诉士兵们，只要坚持走下去，就能吃到甘甜的梅子。这个消息像一股清泉注入了士兵们干涸的心田，让他们重新找回了希望和动力。梅子的酸甜味道在士兵们的想象中弥漫开来，让他们仿佛已经感受到了那种解渴的满足感。于是，士兵们重新振作精神，继续前行。

这个典故让我们看到了曹操在面对困境时，通过为士兵提供情绪价值来解决问题。在这个过程中，曹操充分运用了他的领导力和智慧，他知道如何调动士兵们的情绪，让他们从心理上得到满足和安慰。他明白在困境中提供情绪价值同样重要。

在现代社会，"望梅止渴"这个典故依然具有启示意义。在我们的日常生活和工作中，经常会遇到各种问题和困难，这时候你同样需要学会为自己提供情绪价值。有时候，为自己提供一个美好的愿景或者一个积极的信念，能够激发自己的动力和勇气，让自己在面对困境时不轻易放弃。

在生活中，为他人提供情绪价值同样至关重要。作为领导者或团队成员，你需要关注他人的情绪和需求，通过积极的沟通和引导，帮助他们调整心态、解决问题。团队成员有时可能会因为工作压力过大而感到疲惫和无助，你可以通过提供情绪价值来激发团队成员的斗志。比如告诉他们公司未来的发展前景、个人在公司的成长空间以及公司对每个人的重视和信任等。这些信息能够让团队成员从心理上得到满足和安慰，从而更有动力地投入工作中。

破局二十二：每天都感到压力重重、烦恼多多，如何破局？

当代人在生活中压力大、烦恼多、常常感到不快乐是一个普遍存在的现象。这种现象可能是由于现代社会的竞争压力大、生活节奏快、人际关系复杂等多种因素共同作用的结果。然而，无论是什么原因，你都需要正视这个问题，因为这不仅关系到你的工作效率和生活质量，也关系到你的身心健康和人生幸福。我们可以通过以下四个角度来学会如何应对压力，如何处理烦恼，如何找到快乐。

倾听与共情

倾听是向他人提供情绪价值的关键。你需要认真听取家人或者朋友的意见和感受，表现出对他们的关心和理解。在倾听过程中，你需要注意不要打断对方，也不要过早地提出建议或解决方案。相反，你应该通过有效的反馈和提问来表达你的关注和兴趣。

共情是指体验他人的情感和感受。你需要尝试站在家人或者朋友的角度，理解他们的情感和感受。通过共情，你可以更好地理解他们的需求和问题，从而提供更有效的支持和帮助。

尊重与接纳

尊重是向他人提供情绪价值的核心。你需要尊重家人或者朋友的意见、感受和需求，不轻易批评或指责他们。你应该通过鼓励和支持来增强他们的积极情绪。

接纳是指接受其他人的负面情绪和问题。你需要认识到，每个人都有负面情绪和问题，这是正常的。通过接纳，你可以让其他人感到更加安全和舒适，从而更愿意表达自己的情感和需求。

表达支持和安慰

表达支持和安慰是向他人提供情绪价值的重要技巧。在沟通过程中，你可以使用以下积极的语言来表达你的支持。

·使用肯定的语言：肯定别人的意见、成就和努力，让他们感到自己的价值被认可。

·使用鼓励的话语：鼓励别人面对困难和挑战，让他们感到自己有能力克服困难。

·使用温暖的语言：用温暖的语言表达对其他人的关心和支持，让他们感到被关注和照顾。

以平和且自洽的心态引导对方获得正面情绪

在向他人提供情绪价值时，你需要注意不要使用"正能量"去强行否定对方的负面情绪。这种做法可能会让对方感到被忽视或不被理解，从而产生更强烈的负面情绪。相反，你应该以平和而自洽的心态去引导对方获得正面情绪。具体而言，你可以采取以下措施。

接受对方的情绪。首先需要接受对方出现的负面情绪，不要去否定或抑制这种情绪。接受对方的情绪是让他们感到被理解和关注的重要一步。

引领而非强制。在引领对方获得正面情绪时，你需要使用温和的语言和行为，而不是通过强制的方式。通过鼓励、启发和支持，你可以帮助对方逐渐调整自己的情绪，并使之朝着积极的方向发展。

传递正面信息。你可以向对方传递正面、积极的信息，帮助他们缓解负面情绪。例如，可以分享一些成功案例、经验或资源，鼓励对方积极思考和行动。

激发内在动力。最终，你需要激发对方的内在动力，让他们相信自己能够克服困难并取得成功。通过鼓励、支持和引导，你可以帮助对方建立积极的自我认知和自信心。

总结

向他人提供情绪价值是一项重要的技能。我们要学会倾听与共情，让他人感受到被关注和被理解；要学会尊重与接纳，让他人感受到被尊重和被接纳；要学会表达支持和安慰，让他人在困难面前感受到我们的陪伴；要避免用"正能量"强行否定负面情绪，而要以平和而自洽的内心去引导对方获得正面情绪。通过这些方法，我们不仅可以获得稳定的情绪，还能建立良好的人际关系。

伍 慧眼识人：
谁可深交，谁该警惕

人际关系是一个复杂而微妙的问题。有时候，你可能会发现自己陷入了一个困境，分不清谁是朋友，谁是敌人。这种现象可能会让你感到困惑和无助，甚至影响你的工作表现和心理健康。

你要明白，人际关系是非常复杂的。每个人都有自己的利益诉求、价值观和人生目标。在这样一个多元化的环境中，人与人之间的互动充满了变数。有时候，你会发现自己与某人关系很好，可以无话不谈，互相帮助；而有时候，你又会发现自己与另一个人关系紧张，甚至敌对。这种变化可能是由于工作任务、竞争压力、个人性格等多种因素共同作用的结果。

人际关系并非一成不变，随着时间的推移，人们的立场和态度可能会发生变化。今天的朋友，明天可能就变成了敌人；同样，今天的敌人，明天也可能变成了朋友。这种变化可能是工作环境的变化、个人成长的需要、外部因素的影响等多种原因造成的。因此，你要学会适应这种变化，不要过于纠结于过去的关系。

你还应该学会分辨真假友谊。有时候，你会发现自己与某个朋友关系很好，但是当遇到困难或者冲突时，他们却选择了站在对立面，导致你备感失望和痛苦。你应该从中吸取教训，学会更加审慎地对待人际关系。同时，你也要学会珍惜那些真正关心和支持你的朋友，他们才是你生活中最宝贵的财富。

在面对人际关系难题时，你要学会保持冷静和理智。有时候，你可能会因为一时的情绪波动而做出错误的判断和决策。为了避免这种情况的发生，你需要学会调整自己的情绪，尽量保持客观和公正的态度。同时，你还要学会倾听他人的意见和看法，尊重他们的选择和决定。只有这样，你才能建立起良好的人际关系，为自己的生活以及事业发展创造有利条件。

你要学会珍惜生活中的每一次经历和挑战。虽然人际关系的难题可能会让你感到困惑和无助，但是正是这些经历和挑战，让你不断地成长和进步。通过面对这些问题，你可以更好地了解自己的优点和不足，提高自己的沟通和协调能力。同时，你还可以从中获得宝贵的人生经验和智慧，为未来的生活和事业打下坚实的基础。

在三国时期，诸葛亮以其卓越的智谋和策略赢得了广泛的尊重和信任。他的识人方法不仅帮助他挑选了合适的人才，也帮助他在处理各种人际关系时取得了优势。让我们通过新野之战和七擒孟获的故事来探讨诸葛亮的识人方法及其在社交对策中的应用。

在新野之战中，刘备三顾茅庐后，诸葛亮出山辅助刘备。在初次会面时，诸葛亮分析了天下大势，提出了先取荆州为家，再取益州成鼎足之势，然后图取中原的战略构想。这一战略构想得到了刘备的认同，但遭到了关羽和张飞的质疑。

诸葛亮很快察觉到关羽和张飞的不满，他了解到两人都是骄傲之人，需要用合适的方式让他们信服。诸葛亮没有直接反驳两人的观点，而是以谦虚的态度和充分的理由让他们相信自己的决策。他对两人说："荆州虽小，但土地肥沃，物产丰富，且北有汉水为天然屏障，易守难攻。益州虽大，但土地贫瘠，物产匮乏，且四面受敌。"

诸葛亮还指出，关羽和张飞的优势在于勇猛善战，但缺乏战略眼光。他鼓励两人从长远的角度看待问题，不要被眼前的困难所困扰。最后，诸葛亮向两人保证，只要大家齐心协力，一定能实现刘备的宏图大业。

在七擒孟获的故事中，诸葛亮运用了类似的策略。他知道孟获是个有勇无谋的人，所以采取了不同于对付关羽和张飞的策略。对于孟获，诸葛亮采取了恩威并施的策略。

在第一次擒获孟获后，诸葛亮没有立即杀他，而是向他解释了自己的战略意图。他告诉孟获，自己并非无故进攻，而是为了平定南方，消除后顾之忧，以便集中精力对付曹魏。他还劝孟获归顺刘备，共同实现天下大一统的大业。

对于孟获的顽固不化，诸葛亮没有采取强硬手段，而是继续以柔和的方式对待他。他让孟获看到自己的实力和智慧，同时又让他感受到自己的诚意和善意。在七次擒获和释放孟获的过程中，诸葛亮逐渐消除了孟获的敌意，让他心甘情愿地归顺了刘备。

通过这两个故事，我们可以看到诸葛亮如何根据不同类型的人采取不同的社交对策。对于关羽和张飞这样的骄傲之人，诸葛亮采取了谦虚和尊重的态度，用事实和逻辑说服他们；对于孟获这样有勇无谋的人，诸葛亮采取了恩威并施的策略，既显示了自己的实力和智慧，又表现出了自己的善意和诚意。

诸葛亮的识人方法和社交对策告诉我们，在与不同类型的人交往时，你需要采取不同的策略。对于骄傲之人，你要尊重他们的观点，用事实和逻辑来让他们信服；对于有困难的人，你要表现出善意和诚意，给予他们帮助和支持；对于顽固不化的人，你要采取恩威并施的策略，逐渐消除他们的敌意。

这些方法不仅可以帮助你在人际关系中取得更好的效果，也可以帮助你在工作和生活中更好地处理各种问题。当你学会根据不同的情况采取不同的策略时，你就能更好地应对各种挑战，实现自己的目标。

破局二十三：分辨不清应以何人为友，如何破局？

在生活中，你会遇到各种各样的人，其中有些人的行为和态度可能会对你产生负面影响。因此，你需要防备这些人，同时也要结交那些对你有益的人。

应该防备的四种人

一是爱卖惨的人。这些人可能过于夸大自己的困境或痛苦，以获得他人的同情和关注。他们可能会利用你的同情心，让你对他们产生不必要的担忧或烦恼。同时，他们可能缺乏自我反思和解决问题的能力，会不断向你抱怨和诉苦，这会消耗你的时间和精力。

二是喜欢夸夸其谈的人。喜欢夸夸其谈的人往往言过其实，这些人可能过于强调自己的能力和成就，让你感到他们不可靠或言过其实。他们可能会吹嘘自己的能力和经验，以获得你的信任和尊重，但实际上他们并没有真正的实力或能力。与他们打交道时，你需要保持警觉，以免被他们的言辞所迷惑。不要轻易相信他们的言论，而是要通过实际观察和验证来评估其真实性和可靠性。在与他们交流时，尽量保持客观和理性，不要被他们的言辞所迷惑。

三是缺乏教养的人。缺乏教养的人可能会表现出侮辱或冒犯他人的行为，不尊重他人的权利和感受。对于缺乏教养的人，与他们打交道时，你需要保持专业并坚持良好的人际关系准则，不要被他们的粗鲁行为所激怒，而是要以礼貌和尊重的方式与他们交往。在与他们交流时，尽量保持冷静并专注于工作目标，不要陷入情绪化的争吵中。

四是易怒的人。易怒的人可能容易发脾气、情绪不稳定，容易受到刺激而失去控制。他们可能会因为一些小事情而大发雷霆，甚至采取暴力行为。对于这些人，你需要保持冷静并采取适当的措施来缓解紧张气氛。尽量避免与他们发生冲突或争吵，而是要以理性和冷静的态度来处理问题。在与他们交流时，尽量保持平和的语调和语气，避免刺激或激怒他们。

应该结交的四种人

一是正直而守规矩的人。与正直而守规矩的人结交，可以让你更加明白规则和纪律的重要性，并学会如何在高压环境下保持冷静和理性。这些人通常很有原则和责任心，能够给你提供稳定和可靠的建议和支持。通过与他们的交往，你可以学习如何更好地遵守规则和法律，如何更好地控制自己的情绪和行为。同时，这些人的领

159

导能力和决策能力也能够给你提供很大的帮助。在与这类人打交道时，你需要学会尊重他们的权威和决策，不要正面挑战或否定他们的决定。同时，你也可以从他们身上学到如何更好地保持冷静和理性，如何更好地应对挑战和压力。

二是温柔大度的人。温柔大度的人可以让你学会如何在人际关系中保持平衡和稳定。这些人通常很有同情心和理解力，能够很好地理解你的情感需要，给予你关心和支持。通过与他们的交往，你可以学习到如何更好地理解他人，如何更好地处理人际关系。同时，这些人的耐心和细心也能够给你提供很大的帮助。在与这类人打交道时，你需要学会表达自己的情感和需求，不要试图掩饰或压抑自己的情感。同时，你也可以从他们身上学到如何更好地关注他人和情感需要，如何更好地处理人际关系。

三是佛系的人。佛系的人通常具有很好的自我管理和调节能力，能够保持平静和放松的状态。与佛系的人结交，可以让你更加了解内心和精神层面的修养的重要性，并学会如何在日常生活中保持平静和自在。这些人通常很平静、随和，能够给你提供放松和自在的环境。他们通常注重内心和精神层面的修养，能够很好地控制自己的情绪和欲望。通过与他们的交往，你可以学习如何更好地放松自己，如何更好地平衡自己的内心和需求，获得精神层面的满足。

四是乐于为大家服务的人。为大家服务的人通常很有奉献精神和责任感，能够积极地为他人服务，为社区做出贡献。通过与他们的交往，你可以学习到如何更好地关注他人和社会公共利益，如何更好地承担自己的责任和义务。同时也可以获得更多的社交经验和人际关系支持。与他们交往时，你需要积极寻求他们的帮助和服务，并给予适当的回报和感谢。你可以向他们学习如何为他人提供帮助和服务，同时也要注意不要过于依赖或过分要求他人为自己服务。

总结

在与不同类型的人打交道时，应该采取不同的社交对策。对于需要防备的人，我们应该保持警惕，不要轻易相信他们的言论和行为；对于应该结交的人，我们应该积极与他们交流和合作，学习他们的优点和精神。同时也要注意自己的言行举止，不要成为别人眼中的"问题人物"。最后要强调的是生活中一定要远离负能量的人，这样才能更好地保持积极向上的心态和精神状态。

陆 建立深度信任关系，
互相成就彼此

在生活中，你可能会遇到一些人，他们给你留下了深刻的印象。你渴望与他们建立深度的关系，却发现自己无论如何努力都无法与他们建立信任。

你可能会在工作中遇到一个很出色的人，他们的工作能力和人际交往能力都让你非常欣赏。你们在会议和工作中经常交流，有时也会分享一些彼此的想法和观点。然而，你与他们的关系似乎总是无法更进一步。

或者，你可能会在社交媒体上发现一些与你志同道合的人，你们在某个话题或兴趣上有很多共同点。你们互相关注、点赞和评论，但当你们在现实生活中相遇时，却发现彼此之间并没有很深的了解。

这种无法建立深度关系的情况可能会让你感到困惑和沮丧。你可能会问自己：为什么你无法与这些人建立更深的关系？是因为你做错了什么吗？还是因为他们对你有什么看法？

其实，这种情况是很常见的。有时候，你无法与某些人建立深度关系，可能是因为以下几种原因。

·缺乏共同经历：如果你和一个人没有共同经历或共同话题，就很难找到深入交流的机会。

·缺乏沟通技巧：有时候，你可能不知道如何与他人建立深度关系。你需要掌握一定的沟通技巧，如倾听、表达、询问等。

·时间和空间限制：生活中的时间和空间限制可能导致你无法与他人建立深度关系。比如，你们可能不在同一个部门或团队工作，或者你们的工作时间不同，导致很难有更多的交流机会。

·个人因素：每个人都有自己的性格、兴趣爱好和生活背景，这些因素可能影响彼此之间的交流和关系建立。

尽管这种无法建立深度关系的情况可能会让你感到沮丧，但也要记住以下几点。

首先，不要过于自责或认为自己有什么问题。每个人都有自己的性格和生活经历，这些因素可能影响彼此之间的关系建立。如果你已经努力尝试与他人建立深度关系，但仍然无法实现，那么也不要过于苛求自己。

其次，要珍惜已经建立的关系。如果你和一个人已经建立了比较深厚的关系，那么要珍惜这个机会，多花时间和精力去维护和发展这个关系。与他人保持联系和互动，可以加强彼此之间的了解和信任，也有助于建立更紧密的关系。

最后，要学会接受并尊重他人的选择。有时候，他人可能不想或无法与你建立深度关系。这并不一定是因为你有问题或他们不喜欢你，而是因为他们有自己的考虑和选择。在这种情况下，要学会接受并尊重他人的选择，不要强求或试图改变他们的想法。

总之，认识了一个值得深交的人后，无法建立深度关系并不一定是因为你有问题或对方不喜欢你。有时候是因为各种原因导致的交流障碍。尽管这种情况可能会让你感到沮丧和困惑，但也要学会珍惜已经建立的关系、接受并尊重他人的选择以及不要过于苛求自己。

自古以来，英雄豪杰之间的深情厚谊，往往能超越血缘，达到心灵相通的境地。在三国时期，刘备、张飞与关羽三位豪杰，在桃园之中，天为被、地为席，誓言生死与共，其情之深、义之重，为后世所传颂。他们之间如何构建深度关系，以及这种关系为他们带来的好处，成为一段历史的佳话。

刘备，字玄德，为人宽厚、仁爱，有"仁者之君"的美称。张飞，字翼德，勇猛无比、豪情满怀。而关羽，字云长，武艺高强、忠诚至上。三人相遇于乱世之中，志同道合，共图大业。

在相识初期，刘备以其仁德之心，深深打动了张飞与关羽。他们看到刘备虽然身处困境，但始终坚守道义，关心百姓疾苦。这种坚定的信念和高尚的品质，让张飞与关羽对其心生敬仰。三人之间的初步互动，更多的是基于对彼此价值观的认同和对未来的共同追求。

随着时间的推移，刘备、张飞与关羽经历了许多风风雨雨。在战斗中，他们生死与共，不离不弃。在日常生活中，他们互相扶持、共同成长。这些经历使得他们之间的关系逐渐深化，从最初的志同道合，发展到了后来的生死之交。在这个过程中，他们之间的信任、尊重和支持成为关系深化的关键。

桃园三结义，是刘备、张飞与关羽关系深化的一个标志性事件。在这个仪式中，他们郑重地发誓："不求同年同月同日生，只愿同年同月同日死。"这誓言体现了他们之间深厚的信任和共同的未来追求。通过这一仪式，他们之间的关系得到了进一步的巩固和提升，成为彼此生命中最重要的人。

这种深度关系为他们带来了很多好处。首先，在战场上，他们互相支持、配合默契，取得了许多胜利。关羽、张飞的勇猛善战与刘备的智谋相结合，使他们成为三国时期强大的存在。这种团队精神和协作能力正是基于他们之间的深度关系而建立的。

其次，在个人成长方面，他们互相学习、互相激励。刘备的仁德之心影响了张飞与关羽，使他们在勇猛之外更添忠诚与义气。而张飞与关羽的忠诚与勇猛也激励着刘备不断进取。

最后，在情感层面，他们之间的深度关系带来了彼此之间的深厚友谊和信任。这种信任与支持让他们在乱世之中找到了彼此的依靠和慰藉。即使在面临困境时，他们也能互相扶持、共同渡过难关。

总的来说，刘备、张飞与关羽通过共同的价值观、经历以及桃园三结义的仪式构建了深度关系。这种深度关系不仅让他们在战场上所向披靡、在生活中共同成长还让他们在情感上找到了彼此的依靠和支持。他们的故事告诉我们深度关系的重要性，以及如何通过共同的价值观、经历和仪式来构建和维护这种关系。

破局二十四：遇见值得深交的人，却无法让关系更近一步，如何破局？

构建深度关系可以带来许多好处，如增强朋友间的感情、促进个人和职业发展等。然而，要建立和维护这种深度关系，需要遵循一定的原则和方法。以下是从六个方面来阐述如何构建深度关系。

时机成熟时，让他人了解真实的你

在刚刚进入某个环境时，你可能需要隐藏自己的某些特质或经历，以适应不同的环境和文化。但随着时间的推移，当你与朋友或合作伙伴逐渐熟悉时，应该抓住时机，让他们了解真实的你。这包括你的性格、价值观、优点和缺点等。通过真实地展现自己，你可以建立起真正信任和尊重的关系，从而为深度关系打下基础。

鼓励他人敞开心扉，倾听、尊重、接纳

要建立深度关系，你需要鼓励他人敞开心扉，分享他们的想法、感受和需求。作为倾听者，你要尊重他人的观点和感受，给予积极的反馈和建设性的建议。同时，要接纳他人的不同意见和想法，因为这是建立深度关系的关键之一。通过倾听、尊重和接纳，你可以建立起真正互相支持和理解的关系。

考虑双方的需求，平衡利益，互相满足

在工作和生活中，每个人都需要完成自己的任务和职责，同时也要考虑团队和组织的需求。在构建深度关系时，你需要与他人协商并平衡各自的需求和利益，以达到互相满足的结果。这需要你具备较高的沟通技巧和协商能力，同时也要了解他人的需求和期望，以便找到共同的解决方案。

觉察并掌控情绪，及时给对方反馈

面对各种挑战和压力时，人们会产生情绪反应。然而，情绪的爆发可能会破坏你与他人的深度关系。因此，你需要觉察并掌控自己的情绪，以避免不必要的冲突和争吵。同时，要及时给对方反馈，让他们知道你的想法和感受，以及你对他们的期望和建议。通过积极的沟通和反馈，你可以建立更加稳定和健康的关系。

再亲密也要保持一定的边界感

虽然建立深度关系是必要的，但你仍然需要保持一定的边界感。这包括个人空间、隐私和职责等方面的边界。保持一定的距离可以让你更好地专注于自己的工作和职责，同时也可以避免过度依赖他人而导致的风险。在保持边界感的同时，也要与他人建立清晰的沟通和协作机制。

以良性冲突的方式解决矛盾

在深度关系中，难免会出现矛盾和冲突。然而，处理矛盾的方式可以决定关系的走向和质量。在解决矛盾时，要以良性冲突的方式来进行沟通和协商。这包括尊重彼此的观点、共同寻找解决方案、避免人身攻击和恶意揣测等。通过良性冲突的方式解决矛盾，可以增强彼此的信任和理解，同时也可以提高人与人之间的凝聚力。

总结

　　构建深度关系需要遵循一定的原则和方法。通过时机成熟时让他人了解真实的你、鼓励他人敞开心扉、考虑双方需求平衡利益、觉察并掌控情绪及时给对方反馈、保持一定的边界感以及以良性冲突的方式解决矛盾等方面来努力，我们可以建立起稳定、健康且有益的深度关系。

第五章

破修心局：

唤醒自己，掌握人生选择权

壹 成为更好的自己，不如更好地成为自己

　　每个人都拥有自尊和好胜之心，没有人愿意轻易承认自己不如别人，更不愿意屈居人下。因此，"成为更好的自己"成为许多人励志的座右铭。

　　追求进步和完善自身是无可非议的，通过不断地提升自己、丰富知识和技能、改正缺点，使自己变得更加出色和引人注目也是正确的。

　　但是，任何事物都需适度。我们可以努力追求更好的自己，但必须有一个前提条件：不能将追求完美变成一种自我束缚的压力和不断的自我折磨。

　　变得更好，目的是让自己活得更舒服，让自己整个人更充实。

然而，生活中有太多太多的人因为想要"成为更好的自己"，陷入了焦躁、抑郁、自我否定的怪圈。

细想想，我们身边的人，或者我们自己，是否常常有以下困扰：

·经常为了没有进步而自责；

·犯了一点微不足道的小错就自怨自艾、情绪爆发；

·因为生病请了一天假，就充满负罪感，觉得自己懈怠了、放纵了；

·每天学习到深夜，依旧觉得自己不够刻苦、不够努力，觉得可以更勤奋一点儿；

·因为没有完成既定的小目标，觉得自己蠢、笨、能力差。

如果是，请注意，你已经陷入了"成为更好的自己"的励志怪圈！

有的时候，我们必须得承认，人力有时穷，对自己的期望过高不是什么好事。

所有人都想变得更好，但这个世界不以我们的意志为转移，努力良久却一无所获，是我们生活中难以避免的。

当"成为更好的自己"变成执念，终有一天，我们会被这种苛求压垮！

破局二十五：当"成为更好的自己"成为焦虑的源头，我们该如何破局？

大多数人都会有点完美主义倾向，会下意识地追求完美，让自己变得更好。

只不过，有些人对追求的结果并不在意，很随性；有些人，对结果很在意，甚至将完美变成一种不切实际的执念，在意到，因为无法"成为更好的自己"而焦虑、抑郁。

如果"成为更好的自己"，非但不能提升我们的人生质量和高度，还让我们疲惫不堪，那么，不妨学着放弃。成不了"更好的自己"，倒不如更好地做自己！

人生如河，每一条河流，都有自己的波澜，自己的璀璨与精彩；人生如花，每一朵花都该为自己绽放，不求妖媚、不求雍容、不求芬芳、不求恒久，只求能绽放独属于自己的魅力与风姿！

人活一世，平凡也好，伟大也罢，富贵也好，贫穷也罢，只要不是千篇一律，只要活出了自己的模样，就可以说一声无憾无悔。

北宋词人苏轼便是在逆境中顺从自己的本心、随心所欲，最终变得更好更为了他自己。

苏轼是眉山人，出身士绅之家，与同时代的许多读书人一样，他从少年时起就一直怀抱着"致君尧舜上，再使风俗淳"的壮志，希望能够凭着自己的满腹才华，经世济民，辅国拜相。

二十岁进士及第后，他也确实有过一段"春风得意马蹄疾"的日子，可惜，生性豪放不羁的他，与彼时波诡云谲的官场，委实不合拍。

为此，苏轼不断地努力调整自己，通过读史、求贤、求师、走访、考察、亲身体验等方式，力图让自己变得更练达、更优秀。

然而，新党与旧党之间激烈的博弈让他始终无所适从，他学不会阿谀奉承，也不懂得该如何收敛锋芒、韬光养晦。

半生的拼搏与奋斗，也没能让他成为"更好的政治家"，相反，为了前途、为了利害，无法畅所欲言、直抒胸臆的日子，让他感到额外的憋屈、焦躁。

所以，当"乌台诗案"爆发，以戴罪之身被贬黄州，前途变得更加灰暗时，苏轼悟了。他不再执着于出将入相，不再苛求自己一定要做个优秀的政治家，反而顺应本心、活出了真我。

他在黄州郊外买了一片荒地，将其命名为东坡，种了稻谷，养了花草，栽了蚕桑，每日闻香作赋、伴日长吟、荷锄带月、画笔调羹、怡然自乐。

于是，原本该落魄苦寒的日子，愣是让他过出了诗的意境；仕途的失意落拓，也冲淡在了诗酒安怡的年华里。

于是，苏轼才知道，人生竟还有另一种活法；才知道，更好地做自己，远胜于成为更好的自己！

说到这里，或许有人会问了，怎样才能更好地做自己呢？

很简单，诀窍有以下四点。

认清"理想中的自己"与真实的自己的差距

很多时候，我们之所以会为了"成为更好的自己"焦躁、抑郁，就是因为理想中的自己与现实的差距过大。

所以，在给自己打鸡血之前，亲爱的你不妨先列两张表，一张表罗列出理想中的自己具有什么特质、要获得什么成就，一张表写出自己的真实状况。然后，把两张表放在一起，认认真真地进行对比，看看两者的差距到底有多大。

反思我们渴望的"更好"，究竟符不符合实际

认识到了理想中的自己与现实的差距后，接下来，我们就该以此为基础，反思下自己。

毫无疑问，理想中的自己，就是我们按照更好的标准为自己做的自画像，如果，两者差距过大，那只能说，我们对自己的期待太不切合实际。

如果有时间，不妨静下心来，问一问自己，那个理想中的自己，真的是我们想要成为的自己吗？

那些看上去热血澎湃的职场规划，那一个又一个步步拔高的人

生愿景，究竟是我们内心真实的诉求，还是别人对我们的期许？

若所谓的更好本就不是我们的目标，那我们为什么要为它殚精竭虑，为什么要为达不到它而灰心丧气、焦虑不安？

正视本心，从心所欲而不逾矩

与其为了成为别人眼中"更好的自己"，不如正视自己的本心，做些自己真正想要做的事，更好地做自己。

如此，哪怕依旧普通、依旧平凡，最起码，我们也活出了自己，让自己快乐了、幸福了，不是吗？

总结

人不该无欲无求，无欲无求，约等于咸鱼；也不该贪求，欲望太多、苛求太过，烦恼与痛苦自然源源不断。

人生在世，与其执着于成为更好的自己，用上进与完美来自限，努力活成别人期待的样子，倒不如顺应本心、更好地成为自己。

当有一天，我们内心"更好的自己"与我们想要成为的自己重合，烦恼自消、幸福自生，一切都会变得前所未有的美好起来。

贰 不要活在他人的偏见里

每一个人，都是一座山，不仅"横看成岭侧成峰"，而且从远近高低各种不同的角度去看，看到的景致、风物也截然不同。

山，峰峦丛聚，有锋锐的一面，也有烂漫的一面。山中，有树，有花，有鸟，有溪，缤纷错杂，即便是深入山中，不断观览、探看，也不可能看尽一座山的全貌。

人也一样。所有人都是立体的、多面的、复杂的。

一个人可以是急躁的，也可以是温柔的；可以是怯懦的，也可以是坚强的。在人生不同的阶段、不同的环境、面对不同的人时，同一个人，会表现出截然不同的特质。

然而，日常生活、工作、学习、交际中，却总有那么一些人，常常凭着第一印象、凭着自己的主观喜好或者思维定式，主观地定义别人、给别人贴标签，譬如：

·有些人只因为听说别人是差生，就认定人家"没出息""啥都干不好"；

·有些人看到别人在哭，连原因都不了解，就认定别人"性格软弱""不能担事"；

·有些人只看到办事的是年轻人，就觉得别人"嘴上无毛，办事不牢""不可靠"。

很多人都习惯用自己的眼光与价值观去定义别人，给别人贴标签贴得理所当然，从不考虑自己到底有多武断，也从没想过自己是不是错的。而偏偏又有那么一些人，一直浑浑噩噩地活在别人的"标签"与评判里，为一个嫌弃的眼神自怨自艾，为几句不要钱的褒扬沾沾自喜，为一两句批评患得患失。不得不说，这真是一件既无奈又可悲的事情。

由于立场、视角、环境和个人喜好等因素，我们在观察他人时，无论在何种情况下，都只能看到他们展示给我们的一部分，而不是他们的全部。

同样的，别人看我们也是一样。

或者，换句话说，我们一直在用片面的、主观的眼光去看别人，同时，也在被别人用片面的、主观的眼光来看待。我们时常会身陷别人的偏见中，并因这些偏见而自卑、自苦。

破局二十六：当别人因为偏见误解、嫌弃我们时，该如何破局？

活在偏见中可怕吗？

如果想不开、固执地自困、自苦，确实是挺可怕的；但是，一旦想开了、看淡了，所谓偏见，也就不可怕了。

我们不是为别人而活，而是为自己而活。因为别人的偏见、误解而生气，最后被气到的也只是我们自己。

诚然，没有人是孤立的，人活在世，肯定是要和其他人打交道，然而，也只是打交道而已。别人的尺不能丈量我们的人生，别人的评价也不该成为我们生活的负累。

那么，问题来了，我们如何走出因他人的偏见而自设的困局？

正确认识自己、定位自己

一千个人心中有一千个哈姆雷特。

因为性格、出身、见识、思维模式、世界观、人生观、价值观等的不同，不同的人看我们，得出的评价和结论也截然不同。

同样是在说话，有人觉得你过于喧闹，有人觉得你善于交谈，有人觉得你勇于表达，也有人觉得你在说废话。所以，别人怎么看我们，真的没那么重要，也没那么准确，不必太在意。

别人眼中的我们，并不是真实、完整的我们。所以，要想冲破别人对我们的偏见与误解困局，就应该先正确地认识自己、定位自己。只要我们真正认识了自己、肯定了自己，知道自己的真面目，面对偏见和误解时，就能将其当作滑稽的笑谈，随意抛却，不萦于怀。

毕竟，谁都不会为别人错误的认知来为难自己，真的为难了，不过是因为我们潜意识里在怀疑，觉得别人说得可能是对的。而这些，只要认清了自己，了解了自己，就能有效避免。

学会放弃"取悦全世界"的执念

千人千味、众口难调。有人喜欢黑，就有人喜欢白；有人喜欢青葱，就有人喜欢凋零；有人喜欢你、欣赏你，就会有人嫌弃你、厌恶你。

所以，被讨厌了，被误解了，被人不正确的看待了，也没什么大不了。

如果，讨厌源于误解，能够解释清楚，你也愿意去解释，那就去解释一下。如果不愿意，也解释不清，就算了吧，我们活着，不是为了取悦任何人，也无需取悦任何人。

被讨厌了，远离就好。被嫌弃了，也无需急着去改变自己。放下执念，放下某些不必要的坚持，你会发现，即便他人对我们存有偏见，我们的生活也照样丰富且精彩。

不以物喜，不以己悲。走自己的路，何必在意他人的褒贬？

要有选择的交朋友

人这一生，会碰到形形色色的人，遇到各种各样的事，没朋友不行，但也不必太多。

那些总是对你的每一个小细节吹毛求疵，无法看到你的优点的人，并不适合成为你生活中的朋友。

相反，应和那些能看到你身上的优点，能够理解你、欣赏你的人成为朋友。

将心比心，尽量客观公正地去看待别人

没有人愿意生活在别人的刻板印象之中，也不愿意被误解、被轻视、被不公平对待，无论是我们自己还是他人，都是如此。

因此，在日常生活、工作中，我们也要将心比心，尽量用客观、公正的眼光去看待每一个人，不武断、不主观，更不能轻易给别人贴标签；待人待事务必做到三思、审慎；形成某种定论、意见时，多问"对不对""为什么"，多换位思考一下，如此，即便不能杜

绝偏见，也能将自己对别人的偏见，尤其是负面的偏见降到最低、最少。

总结

偏见不可能消失，只要有人，就会有偏见。我们每个人，一生都注定要活在别人的偏见中。我们无法左右别人，也无力杜绝偏见，却能主导自己的人生，决定自己该怎么活、要怎么活！

只要我们相信自己、正确地认识自己，任何偏见，都不能左右我们的人生、动摇我们的信念。只要我们远离那些戴着有色眼镜的恶意者，看到自己的闪光点，勇于去做特立独行的自己，勇于用豁达公正的眼光去看待别人与世界，那么，即使遇到再多的偏见，我们也能游刃其间，把自己活成光芒万丈的模样！

叁 缺点未必是缺点，转化一下也许就是优势

每个人都有不完美的地方，这是很正常的。没有人是完美的，我们都会有这样那样的不足之处。

那么，什么是缺点呢？简单来说，就是在道德、健康、情感等方面存在的一些不足。这些不足是我们在成长过程中逐渐形成的。

如果每一个人都是一个木桶，那么，缺点就是决定木桶容量的那根短板。

日常生活、学习、工作、交际中，很多人都因为缺点吃过亏：

·考试的时候，马虎涂错答题卡，从而错失好成绩；

·工作中，不管做什么事都习惯性拖延，直到截止时间来临才手忙脚乱，紧赶慢赶，把事情搞得一团糟；

· 内向害羞、不知道该怎么和人交流，被误认为高冷难接近，交不到朋友、找不到伙伴；

· 遇事冲动不听劝，一个劲儿地往前莽，结果跌落深坑、撞上南墙，无数努力付诸东流。

不记得是谁说过，人生最大的困局，并不是身陷泥泞、末路穷途，而是放任缺点的存在，有错不改。

是的，在很多人眼中，缺点的存在就是一种错误。

知错能改，善莫大焉；知错不改，无可救药。

可是，缺点这种东西，真不是说改就能改的。

很多时候，我们很努力去改了，去克服了，但在强大的惯性作用下，缺点就像是在我们身上扎了根，怎么改都改不掉，怎么甩都甩不脱。

为此，我们沮丧、伤心，甚至自怨自艾、自卑自弃，却从未想过，其实，有些缺点，真的不用改！

破局二十七：被缺点困扰而自卑、自艾时，该如何破局？

一颗带棱带角的石头，在崇尚圆润的地方，就是丑的、奇怪的；在崇尚线条与棱角的地方，就是美的、潮流的。

在唐朝的时候，胖是一种时尚，苗条、纤细是缺点；如今，瘦成了大众审美，胖成了缺点。

凡事都该辩证地来看，很多时候，我们自以为的缺点，或许不是缺点，而是放错了地方、没被挖掘的优点！

有一家公司，同时招了三名新员工，小张、小李和小王。

小张被安排在办公室处理资料文件。她年轻又活泼，是个典型的话痨，喜欢拉着同事聊天，办公室其他同事都嫌她太吵，影响了自己的工作。

小李被安排到销售部对接客户。他三十多岁，别的毛病没有，就是太抠，别人都是斤斤计较，他是针针计较，跟客户沟通时，半分毛利都不让，常常与对方争得脸红脖子粗，客户对他意见很大，都不想跟他签单。

小王被安排到公关营销部。但他性格木讷沉闷，工作两个月毫无建树。

这三名缺点明显的员工，都因为无法适应工作而离职或被公司解聘。

巧合的是，失业后的三人重新找工作，又一同进了另一家公司。

这家公司和上家公司不同，领导在了解到三人的缺点后，一点也不愁，笑眯眯地安排小张去销售部，负责开发客户；安排小李去仓库，做仓库管理员；安排小王去资料室，整理和保管文件资料。

因为能说会道、非常健谈，小张和不同的客户都能聊得来，在销售部混得风生水起，入职一年后，就成了公司的销售冠军。

小李在仓库也做得非常称职，因为针针计较，连一个瓶盖、一个螺丝都要算得清清楚楚，他很好地守护了公司的财产，被评为最佳库管。

小王不爱跟人打交道，但是在一大堆文件资料中仿佛如鱼得水一般自在，他热爱这份工作，每天把文件整理得妥妥帖帖，又能保守秘密，对重要资料守口如瓶，很受领导信任。

所以，只要把缺点放对了地方，就是实打实的优点、优势！

德国著名音乐家贝多芬，被后世尊称"乐圣"。他虽然才华横溢，但有个致命的弱点——有耳疾，从二十六岁时，听力就逐年下降，到三十二岁时接近完全失聪。

然而，正是因为听力的丧失，他才能撇去杂念、心无旁骛地研究音乐，用心感受音乐，更清晰、更透彻地思考音符之间最纯粹的联系与乐曲创作中最本真的情感，最后成功创作出了惊艳世界的《命运交响曲》。

这个世界上，没有绝对的缺点，也没有绝对的优点，凡事都是相对的。所以，为了改不掉的缺点自卑、自艾、自寻烦恼，真的是没必要。

分清缺点和特点

一般来说，缺点可以分为两类：一是伪缺点，一是真缺点。

伪缺点，与其说是缺点，倒不如说是用错了地方的特点，应景的时候，还可能转化为优点，比如健谈或不爱说话，比如过高或过矮、过胖或过瘦，比如古板或圆滑，等等。

真缺点，就是如假包换的缺点，真正的不足、欠缺，没可能"转缺为优"，是一种彻头彻尾的恶习。

这类缺点，包括但不限于酗酒、不忠、不孝、不仁、不义、不诚信，等等。

真缺点和伪缺点存在很明显的差别，非常容易区分，通常情况下，大家都能区分清楚。

为缺点寻找适合"变身"的情景

如果一直困扰你的缺点，是一种伪缺点，那么，与其费劲克服它、改正它，倒不如换个角度、换种方法，让缺点华丽大变身，成为你的优势。

比如上面三个员工的例子，就是典型的缺点华丽大变身。

扬长避短，尽量发挥自己的长处

所谓"尺有所短，寸有所长"，人有短处、有缺点，很正常啊。

如果你的缺点短时间内没办法"变身"，或者"变身"的条件太苛刻、太冷门，也别灰心，尽量避开就是。

扬长避短，不仅是一种人生策略，也是一种非常实用的处事技巧。

用鸡蛋去撞石头，多傻啊！用自己的短处去硬刚别人的长处，显然不聪明！

相反，充分发挥自己的长处，在自己擅长的领域尽情发光发亮，抑或用自己的长处去"碾压"别人的短处，以绝对优势来获胜，这才是聪明人的做法。

古人常说："穷则变，变则通，通则久。"明知道在"尺"的赛道上拼不赢，为什么还要死磕？明知道自己在某个领域不擅长，为什么不灵活变通、赶紧抽身？发掘"寸有所长"的新赛道，才是更好的选择。

真的缺点，应改尽改

具体缺点，具体应对。

有变身潜力的伪缺点，我们可以在适合的环境中好好利用。但是，那些明显会阻碍我们成长，影响我们人生质量，给我们的生活造成负面影响的真缺点，一定要改掉。如果真的很难改掉，也要尽量克服、压制，将它们的危害降到最小、最低。否则，这些缺点堆积得多了，我们会真的受制于缺点给我们带来的困局！

总结

　　每个人都有缺点，这并不可怕。只要我们能正确认识自己的缺点，辩证地看待它，巧妙地利用它，将缺点转化成优势，也不是什么难事。

　　所以，无论你是谁，无论你有什么缺点，都没必要为缺点而自卑。豁达些！开朗些！相信自己！只要你愿意昂首挺胸、面带微笑，哪怕有缺点，你的未来也会充满光明。

肆 抓住影响对方的关键点，建立共情

越是成功、成熟的人，越深谙人情世故。

共情，在人际关系和日常生活中，是一种至关重要的能力。

那么，什么是共情呢？共情可以简单理解为人与人之间在感情和情绪上的共鸣，是站在他人的角度，用他人的视角去看待问题，理解他人的感受和想法。

一个具备优秀共情能力的人，不仅温柔细致、善解人意、能轻易赢得人的信赖；而且能精准抓住影响别人的关键点，有的放矢，定向出击，营造良好的人设和口碑。

或者，说得通俗些，一个擅长共情的人，总能急人之所急、忧人之所忧、想人之所想，和人悲喜同调、情感同步、言语同频。

·你哭得稀里哗啦，他也泪流满面；

·你有倾诉的欲望，他马上凝神静气、认真聆听；

·你准备去披荆斩棘，他毫不犹豫地紧随而上；

·你有点小得意，他和你一起"翘尾巴"。

这样的人，这样的朋友，谁能不喜欢？

共情是一项非凡的能力，具有事半功倍的神奇效果。它不是与生俱来的天赋，而是可以通过后天的努力和训练来获得和提高的，只要你愿意投入时间和精力，你就能为自己装备上这一技能。

装备上这项技能后，不但你能快速理解别人的感受，也能通过细腻的观察和微妙的影响让别人理解你，共情你，与你感同身受。尤其在求人办事时，这项技能会起到关键性作用。

破局二十八：共情能力不足，跟别人难以同频，该如何破局？

共情是需要我们用心地感受，学会换位思考，设身处地去体验他人的处境和观点。

尽管我们不能完全理解别人的感受，但在某些情况下，我们的悲伤和快乐是可以相互理解的。

当你看到饥饿和感到寒冷的孩子时，会同情地流泪，他人也会；

当你看到那些犯罪的不法之徒时，会愤怒地谴责，他人也会。

近似的经历，类似的遭遇，相似的三观，总能让原本并不相识的陌生人在无形中达成某种默契，甚至从陌生到熟悉、从熟悉到相知，慢慢成为挚友。

《三国演义》中，东汉末年，王室衰微，曹操挟天子以令诸侯，威压天下，横行霸道，这引起了朝中很多有志之士的不满。

建安四年（199）春，不甘心永远做个傀儡的汉献帝用血写了一封诏书，缝进衣带中，秘密交给了国舅董承，希望董承能联络朝中忠君之士，杀死曹操，拨乱反正。

然而，曹操手握重兵、权倾朝野，丞相府又高手如云、戒备森严，想要在重重保护之下杀死他，简直不可能。

为此，董承昼夜忧思，愁眉不展，想来想去，最后，他想到了名噪京城的太医吉平。曹操有头风病，经常找吉平看诊，如果吉平肯帮忙，杀死曹操就要容易很多。

可是，杀曹操，风险太大了，吉平凭什么帮这个忙呢？

董承凭的是衣带诏。吉平这个人，虽然官职不高，但忠耿正直、忠君爱国，看到汉献帝血书的衣带诏后，他立即痛哭流涕，果断决定帮助董承。

明知道风险极高，一不小心就会掉脑袋，吉平为什么还答应毒杀曹操？

因为董承手里有衣带诏，而衣带诏代表着帝王、代表着皇室正统。

董承正是抓住了吉平"忠君"这个关键点，成功与他达成共鸣，并从而策反了他。这就是共情的力量。

找到对方最重要的关键点

关键点就是能够引起人和人情感、情绪、行为、思想共鸣的核心，是人与人共同的情感表现与诉求。

唯有抓住关键点，才能更好地理解别人的想法、态度，更好地与人共情！

虽然常有人说，人类的喜悲并不相通。但很多时候，对于一些普世的情感，人和人的悲喜是能共通的。

比如，人都有同情心，会下意识地同情弱势群体；比如人都有自尊心，会对不尊重人、侮辱人的行为本能的反感；比如，人都有求知欲，面对不了解的事物，会情不自禁地好奇；诸如此类，不胜枚举。

了解了这些，认识了关键点的本质，我们就能更好的寻找常见的关键点，并通过关键点，达成共情，快速拉近与他人之间的距离，营造良好的人际氛围。

弄清无法共情的原因

人和人相处，真的是要讲缘分的。

有的人，三观相同，倾盖如故；有的人，心不同向，白头如新。

对于三观差异太大、出身背景差异太大、根本就没有什么共同的爱好兴趣的人哪怕很努力地换位思考了，也根本做不到将心比心。就像那个问出"何不食肉糜"的晋惠帝，他是真的没有亲身经历过民间疾苦！

一个人所处的圈子，决定了他的眼界和思维模式，而他的思维模式又决定了他的情绪与情感。人和人的差异，人心和人心的距离，有的时候，真的比天和海还要远、还要大。

所以，日常生活、交际中，如果遇到一些三观截然不同，根本无法实现情感相通的人，不必强求，各自安好足矣。

学会在共情的基础上结交新友、巩固感情、拓展人脉

人与人之间的情感，无论是亲情、爱情还是友情，都需要用心经营和维护。

共情是经营感情的基础。只有双方有共同的话题，有相似的诉求，才能在某个方面对彼此产生共情，在互动、互助中长久地走下去。

通过理解和满足他人的需求，以他们关心的事物为切入点，更容易引发情感上的共鸣，使原本陌生的人有机会建立联系，进而加深感情，扩大自己的社交圈子。

最后，注意掌握共情的尺度

过犹不及，逾越了尺度的共情也会害人伤己。

共情太深、换位思考太过，就容易出现随意指摘、插手别人人生的问题，会导致做事失去分寸、少了边界感。虽是好心，却容易办坏事。

另外，过度的共情，尤其是在相对不那么美好的事情上共情，可能会给我们带来许多原本并不该有的负面情绪，比如痛苦、悲伤、颓废、愤怒、绝望等。

这些负面情感就像细菌和病毒一样，积累过多，我们自身也会受到影响。因此，在共情时，我们需要注意程度，不要过度投入，也不要过于深入。对于应该避免的负面情绪，我们也需要学会自动屏蔽和过滤。

总结

共情是很实用的处世方法，也是很重要的社交技能。优秀的共情能力，会让我们在日常生活、工作、学习、交际中如鱼得水、事半功倍。

共情的关键，是寻找最能影响他人的关键点，以关键点为线索，引发他人与我们的共情。

共情要有选择，无法共情的不要强求，能够共情的尽量结交；共情也要有尺度，不要太深入，更不能让别人的负面情绪影响和主导我们的生活。不多不少，适度适量，刚刚好。

伍 失败是一时的，
它只是让成功延迟一会儿

心理学上有一个概念叫作"习得性无助"，意思就是在反复努力后仍然得不到想要的结果后，从而萌生出的一种想要放弃的心理。的确，当我们面对太多次失败时，难免会感到失望、伤心，产生严重的挫败感，有的人甚至直接给自己的人生试卷判了一个不及格。

然而，当我们跳出世俗的眼光来看待成功与失败，或许就会有不一样的领悟。什么是成功？拥有令人羡慕的财富、获得社会名声和地位、掌握大量的人脉资源，做到这些就一定是成功的人生吗？那些看似光鲜亮丽的成功者背后，或许也隐藏另一种失败。

大公司的老板可能会因为他们的某个错误决策而深感困扰。手握巨额资金的投资人可能会因为某次交易失败而痛苦不已。掌握大权的领导者可能会因为繁重的工作而牺牲掉了身体健康。

如果我们从不同的角度和思维方式来辩证地看待成功和失败，就会发现这两者就像莫比乌斯环一样难以分割、无限循环。与其被失败打倒，不如放下心理包袱，换一个姿态笑看人生，才能更好地迎接成功时机的到来。

破局二十九：被失败的挫折困扰时，该如何破局？

作为现代社会的一个普通人，我们常常会被社会上的内卷思维所裹挟，将各种成功的标准和定义强加在自己的身上。于是，渐渐地我们就会在不断的竞争当中迷失自我，失去了对人生价值的理性思考。

因此，想要跳出社会强加给我们的思维定式，就必须发挥出理性思考的作用：

· 我所追求的目标合理吗？

· 我拼命为之奋斗的是我想要的吗？

· 我现在的生活有没有价值和意义？

其实，只要我们丢掉无意义的自我内耗，就会明白这样一个道理：一时的失败无法将我们定义为一个失败者。只要找到真正对自己而言有意义和有价值的东西，那么外在的评价根本无足轻重。

明代有位大儒叫作宋濂，曾写下一篇著名的《送东阳马生序》。在这篇文章中，宋濂回忆了自己幼年艰苦的求学经历。由于出身寒门，小时候的宋濂家徒四壁。由于没钱买不起书，小宋濂只好问邻居去借，然后亲手抄写下来。为了能够及时归还，他常常挑灯夜战才能抄写完成。

等到外出求学的时候，和他同行的人都身穿华丽的衣服，带着丰厚的行囊，只有宋濂衣着寒酸，背着简陋的书匣。冬天遇到了大雪，宋濂穿着单薄的衣裳跋山涉水，最后身子都快要冻僵了。为了能够得到名师的指点，宋濂会谦虚地等候在老师门外，即使被老师训斥，他也依然会保持恭敬的态度再次去请教。

若以世俗的定义来看宋濂的前半生，既没有家世背景，也没有过人的天资，几乎处处都不如人。但宋濂从不质疑自己，他清楚地明白自己想要追求的是什么。当他处于艰苦的条件之下，吃穿用度都比不上旁人的时候，他依然可以保持一颗积极向上的心态，并且告诉别人"以中有足乐者，不知口体之奉不若人也"。

这就是一种对成功和失败的理性思考，也是一种人生的智慧。那么，我们怎样才能跳出思维定式，摆脱失败的困扰呢？

相信成功没有唯一的标准

什么是成功，我们每个人都可以有不同的定义。地位与财富可以是一种成功标准，而过上温馨的生活，享受细水长流的平静也同样是另一种成功。

成功没有所谓的唯一标准，判断人生成功与否，只在我们自己的内心。

不要只看到他人成功，还要了解他曾经的失败

"若想人前显贵，必定人后受罪"，当我们羡慕他人的光鲜亮丽时，不要忽视了他们背后的付出。科学家在做出伟大发明之前要经历多少次的失败，舞蹈家在表演出精湛的舞蹈之前要流下多少的汗水，艺术家在创作出一幅杰出的作品之前要经历多少次的尝试和探索。正如歌曲中唱的"不经历风雨，怎么见彩虹"。如果我们心中已经有了笃定的梦想，那就要为之拼搏奋斗，我们不应畏惧失败，也要相信失败是成功之母。

减少攀比心，眼光放长远，不要只看一时

人与人之间的攀比是没有尽头的。比事业、比薪酬、比孩子、比家庭……如果一个人陷入了与他人攀比的漩涡，就可能会越来越无法自拔。如果他们发现自己与周围的人无法相比，可能会感到沮丧，

觉得自己没有得到应有的机会。这样的想法是狭隘的。

人生犹如一场马拉松长跑，没有人能在中途就预测最终的胜负。放弃无谓的攀比，将眼光放长远，不计较一时的得失，我们就会发现自己的人生其实大有可为，未来有着无限的可能。偶尔一次的失败，不足以阻挡我们前进的步伐。要知道，现在的失败，只是我们的成功被按下了暂停键。

总结

也许我们永远也无法像历史上的名人一样留下卓越的成就，而只能做一个平凡的普通人，但这并不意味我们的人生就是失败的人生。即使遇到了一次失败，也不代表我们就是失败者，因为对于失败和成功，从来都没有唯一的定义。所以，请珍惜当下拥有的一切，将目光投向更遥远的未来，要相信不后悔的人生就是最大的成功。

陆

终身学习：
从平庸到深刻，从深刻到独特

世事如棋，瞬息百变；人情如书，日读日新。

人生在世，本就充满了挑战与变数，没有谁能未卜先知。我们一生殚精竭虑、孜孜以求，为的也不过在面对危机时能多一份安定和从容。

换句话说，人活着，求的就是稳定，是安全感。

世界变化太快，快得让人手足无措。日常生活中、工作中，很多人都有这样的经历，自己明明只是短暂地休息了一阵子，周围的很多事物就变了，变得既新奇又陌生，原本还算优秀的自己突然被超越了。

迅速变化的世界，充满了未知；而面对未知，人会本能地感到迷茫和恐惧。

那种不知道前路在哪儿的不确定感，就像是附骨之疽，拔不掉、甩不脱、除不去，甚至会把人逼近崩溃的境地。

有句话怎么说的来着，"时代的一粒灰，落到个人身上，就是一座山"，当"大山压顶"，我们该怎么办？

· 听天由命，自暴自弃，任由"大山"把自己压扁、压垮、压塌？

· 仓皇躲避，被"大山"落地的余波和不断变化的世界一脚踢出局？

· 灵活应变，在保障自己安全的同时，努力去登山，力图登上山顶、屹立峰巅？

· 在"大山"落下之前，完成自我蜕变，变成擎天巨人，轻轻松松把"大山"举起、托住或者粉碎？

毫无疑问，变成擎天巨人是能让自己更加从容的选择。但是，要做到这一点并不容易！

那么，一个普通人，要怎么做，才能跑过瞬息万变的局势，让自己不惧变化，不慌乱且能有力地应对呢？

方法有很多，最便捷、最实效的方法就是学习。

活到老，学到老，终身学习，不止不停！

破局三十：世界瞬息万变，我无法适应，不知何去何从时，该如何破局？

无论什么时候，无论是古代还是现代，学习都是一个人最核心的竞争力。

北宋名臣范仲淹，出身寒微，家境清贫，小时候的生活非常艰苦，很多时候连饭都吃不上，但他却从未自怨自艾，反而更加刻苦勤学。

十来岁时，他就独自一人到郊外的醴泉寺中借读。每天清晨，早早起来为自己煮一锅米粥，等粥凉了、凝固了，就把它划成四块，一日两餐，每次吃两块。有时候是干吃，有时候去山间采些野韭菜、蒲公英洗洗切碎了，再用粗盐拌一拌当下饭菜。

除了吃饭、如厕的时间，范仲淹几乎把所有的时间都花在了读书上。通过书本，这个生在乡野、没什么阅历、也没条件去游历的少年，领略了山河锦绣、人间百态，同时也拓宽了自身的能力与格局。

最后，他凭着勤奋、刻苦、不断地学习，逆风翻盘，成功入仕，历尽波折后，终成一代名相。

而他的逆袭，从来都不是个例。

自古以来，通过勤奋学习和不懈努力，实现自我提升和成功的人不计其数。

于是，慢慢地，学习力，尤其是终身学习的能力就成了判断一个人能不能成材的标准之一。

人为什么要学习？

当然是为了蜕变！

不学习，我们永远都是平庸的，看山只是山，看水只是水。

努力学习之后，我们会因为知识、内涵、修养等的丰富，变得深刻；我们会懂得山的巍峨、水的博大，会明白岩石的构成、流水的势能，达到"看山不是山，看水不是水"的高度。

待到学精、学深，把书读薄，把规律摸清，把世间万事万物看透，不知不觉领悟到"看山还是山、看水还是水"的真意，我们会赢来人生中又一次蜕变，返璞归真、照见本我，最后把自己活成最真实、最独特、最好的模样。

蜕变的关键在于我们对学习的认知。

早在两三千年前，先贤们就已经认识到了学习的意义和重要性。

庄子说："吾生也有涯，知也无涯。"戴圣说："是故学然后知不足，教然后知困。知不足，然后能自反也。"借由学习，我们不仅能更清晰地认识到自身的缺陷、不足、短板，还能见贤思齐，不断地自我反省。

同时，学习还能让我们有一技之长，能够安身、立命、成家、立业；让我们能更好地与世界相处、与他人相处；让我们可以不断自洽、提高、蜕变，进而成长为巨人，能改天换地，独对风雨，活得更好、更安然、更肆意。

所以，人一定要学习，日日学，月月学，生命不息，学习不止。

那么，问题又来了，我们学习，到底要学什么？向谁学？又怎么学？

终身学习学什么

一是学专业知识与专业技能。

人活于世，要安身立命，就必须有一技之长，或者说，必须得会点儿什么，如果啥啥都不会，连最基本的生存都难以保障，妄谈其他，根本没有任何意义。

至于这个一技之长是什么？大家完全可以根据自己的爱好、兴趣、天赋等来选择。兴趣是最好的老师，选择自己感兴趣的专业，可以让我们在学习过程中保持热情，更容易投入学习中。

二是学规律、学经验。

学习规律可以帮助我们更好地理解世界，可以让我们更深入地了解事物的本质，从而更好地应对各种问题。例如，通过学习物理规律，我们可以了解物体运动的原因；通过学习经济学规律，我们可以了解市场运作的原理。

学习经验可以帮助我们避免重复犯错。经验是人们在实践中积累的智慧，可以帮助我们更快地找到解决问题的方法。通过借鉴他人的经验，我们可以避免走弯路，节省时间和精力。

三是学逻辑、学思维。

学逻辑可以让我们更好地分析问题的各种可能性，评估各种方案的优劣，从而做出更明智的决策。还可以提升我们解决问题的能力，帮助我们更好地理解问题，找出问题的关键所在，从而实现破局。

学思维可以让我们在面对不同的问题和情境时，需要能灵活地运用不同的思维方式来冲破困局，比如逆向思维、执行思维、框架思维、因果思维等，都是很好的破局思维。

终身学习向谁学

一要向达者学习。所谓"学无先后，达者为师"。

要学习，最直接有效的方法就是向比自己更强、更优秀、更擅长某个领域的人学习。要学耕种，就去找最有经验的农夫；要学刺绣，就去找手最巧的绣娘；要学写作，就去拜最有实力的作家。"闻道有先后，术业有专攻。"

二要向社会取经。社会是一个真实、鲜活的大课堂。有些事，不在社会中亲身体验，根本就不可能理解；有些经验，不亲自操作，不管别人怎么讲，可能都一知半解；有些道理，只可意会，无法言传，自己不去体验和感悟，很难真的理解。

终身学习怎么学

一要坚持阅读。

阅读，是一种永远都不会过时的学习方式。

阅读不同的书籍，就像进入不同的世界，不仅能让我们了解到各种独特的文化和习俗，拓宽我们的视野，丰富我们的经历，还能让我们在文字中去观察、去聆听、去感受、去体验。即使足不出户，我们也能通过阅读了解世界各地的事情，积累解决难题的方法和经验。

二要多参加交流互动。

封闭自己无法创造出新的东西，凭空想象也无法构建出真实的世界。无论一个人有多么聪明，都不可能知道一切，掌握所有。因此，在学习的过程中，我们需要与有不同背景、不同经验的人进行交流和互动。这样不仅可以巩固自己的知识，印证自己的想法，还能开拓思路，说不定，别人不经意间的一句话，就能让我们茅塞顿开、有所领悟。

三要有耐心。

学习并非一蹴而就的过程，而是需要我们投入一生的时间。要想学好，我们需要有耐心，能够坚持不懈，持之以恒地付出努力。我们需要每天都投入时间和精力，勤奋刻苦，全神贯注。

四要会质疑。

我们需要培养质疑精神，不断挑战自己的认知，以求不断进步。或者说，要带着目的、带着疑惑去学习。

总结

学习是人们不断自我蜕变的过程。

通过学习，原本平庸的我们会因为见识广了、阅历丰了、格局大了，而变得更深刻；通过学习，原本对世界就有了深刻认识的我们，因为去伪存真、因为照见了本心、因为认识了自己，会变得愈发独特。

学习力是一个人核心的竞争力之一。终身学习，能够让我们在瞬息万变的世界中保持稳定、从容、冷静和独特。